Dr. Sheheryar Banuri
從戒菸、減肥，到升職加薪，
擺脫我們說到卻做不到的人生困境
謝赫拉爾·巴努里——著　李伊婷——譯
決策思維
The Decisive Mind
How to Make the Right Choice Every Time

目次

獻給　伊莉亞娜

「我們征服的並不是高山，而是我們自己。」

——艾德蒙・珀西瓦爾・希拉里 爵士（1919-2008）

前言
人vs山

慢點慢點

這個男人：二〇一三年，聖誕節。他已經走了大約四個小時。在過去的三小時裡，他在每一次的心跳都感受到壓力。他感覺到血液在身體裡跳動，腦海中一直縈繞著一股腦血管可能隨時爆裂的念頭。他不斷地將食指和中指壓在脖子上，與其說是為了檢查脈搏，不如說是為了讓自己安心，確認自己沒有心搏停止跳動。他戴著心臟監測器，心率顯示在他的手腕上，但他不相信數據。它們一整天都穩定地徘徊在每分鐘一百四十下左右。但他感覺心臟都快要跳出胸膛了。他再次將手指放在脖子上，只是為了再次檢查。是不是太高了？他不確定。但感覺就是這樣。

慢點慢點

這個叔叔：當那個男人接到電話時，那是華盛頓特區一個宜人的秋天。是他的叔叔，打電話來祝他生日快樂。打從他還是個小男孩時，他就非常崇拜他的叔叔們。他們事實上撫養他長大。在他十多歲時，就是這個叔叔第一次帶他去了高山健行。

這個叔叔是一名狂熱的徒步旅行者，而今，隨著將臨退休，他的徒步計劃變得更加大膽和極端，幾乎就像他在逆轉老化一樣。這個叔叔祝他生日快樂，但隨後立刻開始擬定寒假計劃。他正在計劃一次不同於他以往嘗試過的旅行：徒步穿越傳說中的非洲吉力馬札羅山（Mount Kilimanjaro）。

當問及為什麼時，他提到了三浦雄一郎（Yūichirō Miura），這個人，就在幾個月前，以八十歲的高齡登上了聖母峰。這是一項驚人的壯舉，因為他是完成這件事的最年長之人；一個非凡的故事。他的叔叔心想：「為什麼不也這麼做呢？」畢竟，他年輕得多，雖然沒有任何攀登經驗。他考慮嘗試登山，並且發現吉力馬札羅山是個很好的開始。

這個男人覺得這聽起來很令人興奮，但有一個問題：時間其實不多，而他……這麼說好了……不能勝任。他是胖了一點，嗯，實際上，是胖了很多。現在，當他的叔叔提到要攀登吉力馬札羅山這個提議時，聽起來他並不真的認為這個男人會一同參與。幾乎就好像他不認為像他這種體能的人能夠、或可能做到這一點。當他從叔叔的聲音中感受到這種懷疑時，他就下定了決心。他會這麼做！而且，他會做好。他會為此進行訓練，讓自己完全準備好。不管有多困難，他就是會去做。

慢點慢點

這個男人：頭痛是最糟的情況。今天早上一開始，在他剛離開營地時，頭痛就開始了。他記得轉身看了營地最後一眼。他本可以掉頭回去，就在那刻就此放棄。頭痛預告著即將發生的事情。但他沒有。他不明白自己為什麼會做出這個決定，總之，他就是在這裡了。

現在頭痛的感覺就好像被錘子敲打一樣，雖然不是全力，卻是一種類似於反覆輕敲，足以讓他感到痛苦，但還不至於讓他停擺。他試著回想起自己曾經歷過類似的感覺。那是在研究所時期。那天他滑倒了，在摔倒時，他的背包迫使他的頭撞到地上。當他的臉撞上人行道時，他感到一股劇烈的疼痛，接下來的幾個小時裡，每一秒都有一種沉悶的重擊。巧合的是，恰好在他本來應該參加的講座結束時，痛感就停止了。

他回想起那天，他的頭撞到地上的那股疼痛……那並不像他現在所感受到的痛苦那般嚴重。每隔幾秒鐘，他就會停下來等待它過去，讓它平靜下來。他知道這種疼痛是暫時的，但他不禁想這是否會對他的大腦造成持久的傷害。他把這個想法埋在心底，繼續前行。

慢點慢點

這個嚮導：這個嚮導經營他的探險公司已經很多年了。他在莫希鎮出生、長大。他一開始在另一家公司擔任嚮導，後來開始了自己的生意，經營自己的公司。

通常，他會加入他們一天，確保他們得到妥善的照顧，然後再派他的人員將他們帶到更遠的地方，而不是與每個隊伍一起攀登。然而，這一次，他感覺到其中一個徒步健行者需要他，於是他留下來了。

這個嚮導擁有比大多數人更豐富的經驗，並且還有心理學學位，這使他具備了感知動機以及在需要時提供心理支持的技能。確保每次旅行的成功對他的生意來說非常重要。他竭盡全力來確保人們能夠完成這趟長途跋涉。

慢點慢點

這個男人：每一次呼吸都是掙扎。他吸入空氣，但不清楚它去向何方。每走一步，呼吸就變得愈來愈費力。他停下來將它吸入。理智上，他知道空氣正在進入他的身體，因為他能聽到自己大口大口吸氣的聲音。但不知怎的，這並沒有幫助。他仍然感到喘不過氣來。

他保持不動，希望、熱切、要求他的身體能夠吸入所需的空氣。他的思緒飄回他掉進海裡的時候。他回憶起那天的情景，掉進水裡，吸了一大口他迫切需要的空氣，但實際上是海水。他記得那種無助、需要被拯救的感覺。現在的感覺就像那樣。就像溺水一樣。他甩掉思緒，試著再次深吸一口氣，然後踏出他的下一步。

慢點慢點

這個嚮導：嚮導留在隊伍後面。其中一名成員顯然狀況不佳：這個男人。嚮導以前就見過這種情況，團隊的其他成員決定等待跟不上的成員趕上來，這使得整個團隊比他們應有的更加疲累。

他覺得有必要再花一天時間觀察這群人。他想回家過聖誕節，但他有一種揮之不去的不安感，覺得自己被需要了。他也可以看出，身體不適的人因為跟不上速度而感到沮喪。他決定介入。

他與每個團隊成員交談，一次一個人，向他們解釋他們本能的支持會如何適得其反。換句話說，對他們來說，覺得是對的事情可能會導致與他們想要的結果截然相反的情況。他告訴每一位團隊成員，他們需要按照自己的步伐節奏繼續前進。

慢點慢點

這個男人：他的雙腿彷彿在燃燒。到目前為止，一天中至少百分之九十八的時間裡，它們都在呼喊著尋求解脫。每一步都導致無止盡痛苦的另一次衝擊。他的膝蓋很痛，正好就是數十年前板球打到的地方。他一次又一次地感受到那股疼痛，但那是斷斷續續的，足以令他難以預料，無法為此做好心理準備。

他手裡握著兩根登山杖，大概是為了減輕腿部的負擔並將其分布到全身。理性說來，他知道這就是登山杖的存在目的，但不知為何，他無法掌握正確的節奏，使手杖發揮作用。時不時地，它們不會以正確的方式落下，震動的衝擊會遍及他的整個身體。他不知道自己還能堅持多久。

慢點慢點

這個叔叔：叔叔走在隊伍的中間。他看不到其他比他更年輕、更健康、步伐更快的成員。說實話，他也可以跟上更快的那群人，但對於把侄子拋在後頭會令他感到內疚。他已經要求他為此進行訓練，但不知怎的，他仍然落後了。他覺得自己應該要停下來等侄子趕上。於是，他坐在地上的一根樹幹上，等待。等待著。

繞過轉角，他看到了嚮導，這很奇怪，因為嚮導曾經表示他可能會離開。此外，他通常都跟在侄子後面，走在隊伍的最後頭。叔叔擔心是不是發生了什麼事。

他與嚮導交談，了解到繼續前進的必要性，但仍然有些遲疑。他決定聽取專家的建議，按照自己的步伐前進。他計劃在當天晚些時候到營地時再提出這個問題，但現在他繼續前進。

慢點慢點

這個男人：節禮日。攀登山頂的日子。四天下來，他已經忍受了各式各樣的痛苦和疼痛，還會有什麼呢？嚮導在凌晨五點把他叫醒。天氣很冷。是那種感覺彷彿要穿透你皮膚的寒冷。這是在海拔四千六百公尺處的寒冷。在十二月，他還能期望什麼呢？

到目前為止，他已經攀登了二千八百公尺。那幾乎相當於一萬六千個階梯。幾乎是八百五十層樓。前幾天他還感覺汗流浹背、悶熱難耐，但現在必須穿上發熱內衣、毛衣和厚外套來保暖。另外的一千四百公尺，要在一天之內走完。這一天是他征服這座山的日子。在全然黑暗中，他開始行走，只有一盞小頭燈照亮道路。這種黑暗對於身處全是光害的城市居民來說是怪異的。這是一種他從未見過的黑暗。在某種程度上，這非常迷人。這是他非常少有的一次經歷，而且很可能以後也不會再有了。他不時地關掉頭燈，感受周圍環境真切的黑暗。

慢點慢點

這個男人：愈往上攀行，他留下了未遮蓋的地面，進入到被雪覆蓋的小徑。太陽真的很近，非常明亮。太陽光線反射在雪地上，刺得耀眼。他發現自己很難看清楚，盡可能地瞇起眼睛看。他想起了自己的太陽眼鏡。他想起了自己的巴拉克拉法頭套。他搞不清楚為什麼要他帶這些東西，為什麼需要這些東西來增加背包的重量，儘管它們很小巧。好吧，現在他知道了，並納悶為什麼自己沒有更早做好準備。

即使瞇著眼睛，他也只能盯著看幾秒鐘。他看了看背包，找到了他需要的東西。他戴上太陽眼鏡，但只能戴在巴拉克拉法頭套外。他的呼吸從布料裡升起，讓眼鏡起了霧。他無處可擦。他要嘛看著眼鏡上方規劃接下來的幾步路，要嘛就繼續走著。他的手杖碰到一塊石頭，他跪倒在地。雪積得很深，他的行走速度慢得就像爬行一樣。他可以爬行，但手套太濕了。他站起身摘下霧濛濛的眼鏡，一邊擦拭、一邊瞇著眼睛看接下來的幾步路。他繼續前進。

慢點慢點

這個男人：他聽到聲音。歡呼和吶喊。他聽到身後嚮導低沉的聲音。他看著，但看不清楚。實在太亮了。他想像著嚮導為他感到驕傲。

他試著看向遠處，朝著叫喊聲的方向看去。他能感覺到聲音愈來愈近了。風直直地從他身上掃過。他能感受到這次攀登的每一公尺。他摘下眼鏡，規劃接下來幾步的路線。他做不到。他內心深處知道，他做不到。但他仍繼續向前走。他邁出一步、二步、三步、四步。

別再來了——他的心臟快要跳出胸膛了。他的頭快要爆炸了。他腿上的抽筋而今幾乎是常態了。每隔幾步，他就需要喘口氣。超過四步就會出現刺痛。他覺得，他不應該做這件事。這不適合他。他的體能狀況太差了。他不是為了這種嚴峻考驗而生的。然而，他就是在這裡了。

慢點慢點

這個男人：還有多遠？他們對著他大喊。他的家人、他的朋友都已經在那裡，慫恿他繼續前進。他看著。也許是十步。也許是五秒鐘。在日常，以他正常的步伐來看的話。但不是今天。

他一步步逼近，但又必須停下來。四步。然後是三步。然後是二步。接著是一步又一步使勁地走，直到他感覺到一個擁抱。懷抱。耳邊全是喊叫聲。**你感覺如何？他感覺如何？他做到了嗎？**

他做到了！他真的做到了嗎？四周有著祝賀聲。他被要求站起來擺個姿勢拍照。站著，多麼奢侈啊。他大大跌坐在地，但並沒有昏過去。他感到一股如釋重負如浪潮般襲遍全身。他做到了。他登頂了。他站在整個非洲大陸最高點的山峰。他做到了。憑一己之力。對吧？

登山

你或許不會感到太驚訝，確實，這個「男人」就是我。

登頂吉力馬札羅山是完全可行的。每年都有很多人嘗試，而且大多數人都成功了。在登山運動中，吉力馬札羅山是獨特的，因為它沒有太多陡峭的攀登段落，主要可以徒步完成。因此，許多嘗試登頂的人最終都能成功。

然而，有二個成分很重要。首先是體能。任何嘗試攀登的人都必須做好相應的準備，包括定期去健身房和爬樓梯，因為感覺就像連續五天進行這項特定活動。第二是動力：你必須想要這麼做。

我有足夠的動力，但我的體能卻很不足。缺乏準備也許是未能完成長途跋涉的最關鍵原因。這讓我登頂吉力馬札羅山變得比原本需要的還要困難。

當然，在山上時，我無法改變我的體能。我只能打我手上有的牌（即使是我發的牌）。我的動力也曾在不同時刻動搖。然而，我的嚮導是我成功的關鍵因素：若是沒有嚮導艾曼紐爾（Emmanuele）針對性的干預，我永遠也無法到達山頂。事實上，艾曼紐爾能夠利用我的動力來彌補我體能程度較差的不足，並讓我付出那些非常重要的額外努力，讓我保持在正軌上。

艾曼紐爾參與了一系列的世界紀錄，並為最近打破紀錄的攀登提供了指導。他睿智的話語，以及一些巧妙的提示和技巧，改變了我整個經歷的結果。

這本書就像你人生中的艾曼紐爾。我們都有要攀登的高山——遠大的抱負、目標、夢想。攀登高山很困難。我們不一定全都是三浦雄一郎。但只要經過一些訓練和正確的動機，我們便能夠獲得成功。

我的工作是專門研究人類決策。我的研究著重於卓越人士（包括醫生、教師、發展和政治專業人士、大學生）為何做出他們所做的決定、做出這些決定的方式以及是什麼激勵他們超越極限。在我的職業生涯中，我曾在世界各地工作過，在布吉納法索、印尼、巴基斯坦、菲律賓、英國、德國和美國進行田野調查，我的工作為各個政府機構提供指導。我的工作是涉及多學科的——我是一名經濟學家，但我也研究不同的領域，特別是心理學，以找出我們為什麼能夠（或不能夠）實現我們設定目標的答案。

在我的職業生涯中，我經歷了許多成功，但也有更多的失敗。我從參與大型、長期的專案工作中學到了很多，這些專案需要持續不斷的努力，即使最終的回報是不確定的。參與這類涉及許多組成領域的多年專案使我的研究獲得了豐富的資訊。透過行為科學和生活經驗，我了解到為什麼我們無法實現目標，並制定了一些策略來幫助對抗阻礙我們實現目標的本能。

這本書匯集了我作為一名行為科學家所學到的一切、各種學科告訴我們的一切，以及我自身的經驗。透過對人類行為（包括自己的行為）更深入的理解，並且透過一系列的直接干預，你可以利用這裡的內容來設定願望，理解自己的行為，並達成你想要實現的目標。

而且，進而延伸，你可以改變你的人生。

但，如果我要總結這本書，將其中所有的見解、研究和經驗簡化為一個想法，我必須回到我從吉力馬札羅山嚮導艾曼紐爾那裡得到的簡要指示。有一件事是他告訴我絕對要記住的：*Polepole pollole*。斯瓦希里語的意思是**慢點慢點**。

一切都與你有關

想像一下傑克。傑克基本上是個好人。他努力做對的事。他努力工作，愛著他的親友和家人，也被他們所愛。他受到同事的尊敬。整體說來，傑克的人生還算不錯。

然而，傑克有個問題。和大多數人一樣，他也有夢想和抱負。這些並不是什麼非凡的大事，比如在冬天攀登K2或環遊世界，但它們是屬於他的夢想。他原本以為這些現在已經都實現了，或者至少已經在實現的路上。但這些似乎難以達成。隨著時間推移，它們被其他事物取代了。被開會取代了，被工作取代了，被隨意滑著手機取代了、被那些看似更容易實現……更現實的事物取代了。他降低了目標。傑克已經安於現狀了。

傑克並不孤單。我們在某個時刻都曾經是傑克。你的世界似乎有些事不對勁。你對事情的進展感到不滿意。你對於生活應該要是什麼樣子有種模糊的感覺，而且感覺你所擁有的與你所想像的不同。你覺得注定要接受最糟糕的失望——對自己的失望。你正在安於現狀。

但為什麼？為什麼會是這樣的情況？你能為此做點什麼？是否太遲了？你應該早點開始嗎？你還能重新開始嗎？

《決策思維》將幫助你理解為什麼你的夢想會與現實脫節。它為你提供了一個將計劃付諸於行動的框架，使你的夢想成為真實。利用行為科學的見解，我們將討論你如何自我阻礙的各種方式。我們將研究如何減少這類行為，並開始用適合你的行為取代。

這本書將不會告訴你人生中的目標或願望應該是什麼。我不介意你想用這本書做些什麼——是用於你的職業生涯、你的家庭生活、你的愛好。這本書的原則適用於你設定目標但難以達成的任何領域。本書的目的是幫助你了解自己，如何優化你的行為，並且如何緩慢、但確實地讓你更接近你為自己設想的生活。

好消息是，改變並不會超出你的能力範圍。真正、持久、深刻的改變取決於你每天做出的微小決定。壞消息是，它不是必然的，也不容易。不過話又說回來，如果是的話，你就不需要這本書了。

在整個內容中，我將談論如何培養一種決策的思維。我對此有一種具體的理解。在本書中，決策思維指的是設定目標並實現它的人。無論這個目標是什麼——不管是你每天的待辦事項，還是你人生中最大的志願，決策思維會設定目標、制定計劃、確定決策並執行。要能夠做到這一點的秘方是你真的想要點綴你的人生。你不需要很出色。你不需要與眾不同，也不需要假裝成你不是的那種人。你只需要了解自己，並在自己的限度範圍內努力。

讓我們回到傑克和他的問題，讓這個問題變得更具體一些。

情景一：傑克有個問題……他太胖了。他知道自己太胖了。他不斷告訴自己，他需要瘦一點。每個人也都告訴他應該這麼做。他開始出現健康問題。他知道自己需要做什麼。很簡單：吃正確的食物並做一些運動。他試過很多減肥方法；他甚至還加入了健身房。但體重仍是頑固地維持不變。這很絕望。

情景二：傑克有個問題……他又沒錢了。這種情況太常發生，以至於你會認為他會更妥善地處理這件事。這並不是說有什麼具體的原因，他只是似乎沒有存下足夠的錢，在不需要的東西上又花費太多，最後就變成了月光族。他向自己保證，這個月他一定會更加小心……然而，他又再一次透支了。這很愚蠢。

情景三：傑克有個問題……他變得壓力重重，這使他無法前進。他知道是什麼讓他感到如此龐大的壓力——他的工作——但他不能不工作。有時是一些小事讓他煩心，有時是一些大事情。他討厭每天的通勤。他知道他不應該一直滑手機看負面新聞。他明白不斷思考如何最好地照顧年邁的父母無助於他照顧他們。但他很難從現在的這種狀態中走出來；壓力和焦慮正主宰著他的生活。這很荒謬。

情景四：傑克有個問題……他抽菸。在二〇二三年，他仍然抽菸，儘管抽菸與健康問題的關聯已一再被證實。他似乎就是無法戒掉。他很想這麼做。許多次了。他記得掐熄那「最後一根菸」，納悶著自己為什麼還這麼做。然而，他卻在這裡，在午休時間獨自站在雨中，點起菸。這很瘋狂。

傑克的問題不是我隨意挑選的。從自助產業的角度來看，最常見的主題是體重管理、財務、壓力和成癮——身體、心理和財務方面的挑戰。但如果我們知道這些挑戰是什麼，那麼，為什麼要解決它們會如此困難呢？

我們或多或少都是傑克。你可能對其中一個問題有強烈的認同感。但你並不絕望、愚蠢、荒謬或瘋狂。你絕對不是孤單的。而且你絕對可以為此做些什麼。你所做的任何改變都將取決於你的選擇。在這本書的過程中，我們將一起思考許多決策情境，並根據你的回答，我們將找出如何優化你的決策，讓你能夠開始過上真正想要的生活。

在上述傑克所面臨的問題中，有數百本書可以購買。學會擁有決策思維會讓你超越特定的經歷。當談到抽菸、減肥、壓力和財務時，我們所談論的核心是決策。這就是行為科學發揮作用之處。

決策：一個框架

我們所做的每個決定，從最小到最重要的，都可以在兩條軸上繪製：頻率和影響。在任何特定的日子穿什麼衣服並不是一個非常有影響力的決定，但這是你必須一直做出的決定；另一方面，是否結婚可能是你只會做一次，或者說可能只會做幾次的決定。無論如何，顯然它對你的人生有著巨大的影響。

這個框架追蹤著我們所做的每個決定的頻率和影響，它是本書的指導原則。如果你允許它成為你生活中的一個指導原則，你對可能發生的變化或許會感到驚訝。我們將從多個角度來看待這個想法，但如果你現在放下這本書，你已經學到了一個可以用來開始改變你的決定的基本原則：每一個決定都可以放在頻率和影響的象限圖上。這裡有一個圖表來幫助理解。

一旦我們了解構成決策行為的科學原理，我們就開始認知到如何做出微小的改變，使我們更接近我們想要的。如果所有決策都可以繪製在這個頻率／影響象限圖上的某個位置，那麼，我們做出最佳選擇的能力就成了一個資源問題：我們的動機、努力和耐心程度有多健全。

你需要平衡你的內在資源與你所做的各種決策的外在成本。重新看一下下方的象限圖，我們可以看到有四個象限。這對應四種類型的決策：高頻率和高影響、高頻率和低影響、低頻率和高影響，最後是低頻率和低影響。了解你正在做出什麼類型的決策就是成功的一半。這讓你能夠精確找出需要用於該決策的資源類型。這麼做可以讓你騰出資源，不會在不符合你目標的決策上花太多時間。如果你選擇這麼做，你可以將資源投入到有助於實現你目

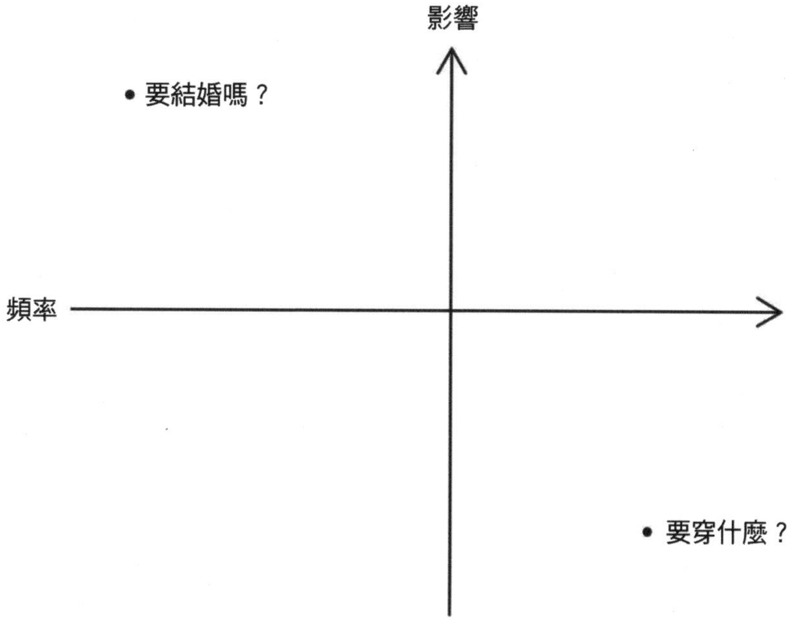

標的決策中。

這可能是將精力從低影響的決策中抽離出來（去工作面試時，我應該穿灰色西裝還是藍色西裝），然後將這些精力投入到高影響的決策上（尋求專業人士來幫助我提升面試技巧），於是，我們就更有機會將事情做好。或者，這可能是將高頻率的決策（午餐要吃什麼）轉變為低頻率的決策，也就是一旦你做出最初的選擇，就不需要再思考或用意志力去處理（星期日晚上先做好一週的便當）。無論你的目標是什麼，一旦你了解需要做出什麼樣的決策才能實現目標，你就可以使用我的框架來優化你的決策，使它們與你的目標保持一致。

如果這個想法現在看來似乎很抽象，請不要擔心。在整本書中，我們將用故事來說明科學，並為你提供足夠的情境背景來內化資訊。

我們也會讓事情變得實際。你將會思考願望和目標。你將會思考哪些是實現這些目標的決定，以及哪些是會偏離這些目標的決定（我們往往是自己最大的敵人）。設定願望和目標只是達成目標道路上的一步，我們將幫助你看清楚其中的原因。最終，你會對自己、自己想要什麼以及為什麼會這麼做有更深刻的了解。

當我們理解了決策框架，並意識到為什麼我們常常對自己所做的決策感到困惑，我們將探討應對這些傾向的技巧。我們將著重於掌握你的時間和你的生活，並利用這些資源使你的生活更加順遂。透過更深入了解你的決策過程、你的願望、你的目標和你的局限，一切皆是可能的。最重要的因素已經在你內在形成：覺察。

如果你仔細閱讀這本書，並整合其中的資訊，你將明白為什麼好的意圖在過去可能是行不通的。此外，你還會開發出你所需的工具，來獲得生活中最大的收獲。那麼，就讓我們開始建立我們的決策思維吧。

我們將從比爾・威爾遜的故事以及他如何克服一生中最大的挑戰開始。

第一章

就再喝一杯

——決策框架簡介

一九二七年，股市正急速走向大蕭條。但當時沒有人知道這一點。華爾街景氣繁榮，交易員忙於賺取前所未有的大筆財富。其中有一位極度積極的年輕人叫比爾，他的職業成功掩蓋了一個日益嚴重的問題。

比爾來自一個平凡的家庭。他從小就對喝酒持有合理的懷疑態度，尤其是因為他的祖父曾經是個酗酒者。比爾於一九一六年徵召入伍，一年後晉升為軍官。比爾具有非凡的領導才能，而軍事生涯為他打開了許多門。他被介紹給有錢有地位的

人物。一九一七年，在一個極具影響力的家族舉行的晚宴上，比爾第一次喝了酒。比爾發現酒精的效果非常神奇：他和宴會主人之間的社交障礙消失了，讓他可以盡情享受愉快時光，擺脫社交焦慮。幾乎是當下瞬間，比爾發現自己在沒有喝酒的情況下，在別人面前會感到自卑和緊張。這就是比爾對酒精的熱愛和成癮的開始。[1]

時間快轉到一九二七年。比爾已經成為一名保證金交易員，賺的錢多到不知該如何花用。他也很受人歡迎，結交了許多朋友，也為這些朋友賺取到許多小錢。然而，比爾的酗酒習慣是眾所周知的。它已經逐漸滲入他生活中的方方面面，使關係變得緊張，包括他的婚姻。當下午三點股市收盤時，比爾就會去酒吧。他常常一個晚上就花掉五百美元，這相當於今日的七千多美元。比爾的妻子洛伊絲說過一個故事，說他把她留在美加邊境，沒有錢，也沒有交通工具，這樣他就可以越過邊境去喝酒，遠離她關切的目光。

一九二九年股市崩盤，比爾失去了一切。他從富有變成背負近六萬美元的負債。然而，他並沒有失去對喝酒的興致。比爾繼續大量酗酒，導致譫妄和精神障礙。洛伊絲長期以來一直擔心他的酗酒問題，但是他一再地說謊（甚至連聖經上的宣誓都違背了），這讓她感到無助。

一九三二年，兩位華爾街的聯繫人提供給比爾一家投機交易公司的慷慨股份，但條件是：如果他再次開始喝酒，他將失去自己的股份。比爾已經跌到谷底，他自己也很清楚。他認為這是他所需要的動力。他簽下了合約。[2]

最初幾個月，比爾一直保持清醒。他回歸的消息傳開。他在華爾街的聲譽開始改善。他發現這段時間甚至連喝酒的慾望都沒有。然而，一切都在紐澤西州與一些工程師的出差旅行期間改變了。晚餐後，工程師邀請比爾一起玩撲克。他婉拒加入比賽，但他走進了他們的房間。

工程師邀請他喝一種當地飲料，一種名為「澤西閃電」的蘋果白蘭地，而他也拒絕了。隨著夜幕降臨，比爾拒絕了進一步的酒精提供，甚至向他的同伴透露了他的酗酒問題。然而，在接近午夜時，比爾的決心變得薄弱。他說服自己以前從未嘗試過這種酒，而其他人都如此享受，他可能正在剝奪自己的體驗。況且，只喝一杯肯定不會怎樣的。最後，他屈服於誘惑——他的一杯酒變成了三天的狂歡。再一次，比爾失去了一切。[3]

一九三三年，比爾第四次因酒癮住院。年初時，他和妻子身無分文，一同住在比爾的姐姐與姐夫家。他的姐夫是一位骨科醫生，在目睹了比爾苦苦掙扎於對抗酒精，便將他送進由威廉．西爾沃斯博士（Dr William Silkworth）經營的查爾斯．巴恩斯．湯斯醫院（Charles B. Towns hospital），西爾沃斯博士是一位專門治療酗酒的著名心理學家。比爾的姐夫支付了他的治療費用。然而，即便是這種家庭團結的努力還是不夠——比爾在醫院的治療下有所好轉，但出院後又復發了。他入院四次，最終被告知，他要嘛死去、要嘛永遠被送進收容機構，這就是他對酒精成癮的嚴重程度。他的情況看起來毫無希望可言。

但是……比爾在一九三四年十二月十一日喝下他的最後一口酒，在餘生中他從此保持清醒。這是一項令人難以置信的成就——許多人都已經放棄他了。然而，比爾並不是獨自一人做到這件事的。他從他自己創立的一個組織中獲得支持和幫助，這是在他最後一次住院期間的一次靈性上的頓悟後才成立的。這個組織正是匿名戒酒會（Alcoholics Anonymous）。

十二步驟計劃與決策思維

我們很少有人會一而再、再而三地對抗如此嚴重的成癮，或做出如此糟糕的決定而毀掉自己的人生。然而，就像比爾一樣，我們許多人，儘管在其他方面取得了成就，卻仍有未能實現的目標、無法實現的夢想。本章將教你如何做出決定，幫助你更仔細地審視它們，並向你展示做出更好決定的途徑。賭注可能不像比爾的例子那樣攸關生死，但如果我們能夠培養堅持自己選擇的能力，如果我們的想法與行動一致，我們每個人的人生都會有一些事情能夠得到改善。也就是說，我們不僅只是簡單做出決定，我們還要決斷地行動。這就是我所謂的決策思維——設定一個方向並且堅持到底。

比爾的故事中有一些值得強調的教訓。

首先，比爾有強烈的戒酒動機，但大部分都是外在的。對他的伴侶和商業夥伴造成的影響促使他停止喝酒。但直到一九三二年簽下合約時，他才內化自己問題的真相。

其次，雖然比爾在紐澤西州的撲克遊戲中多次做出正確的決定，但他最終還是屈服了。他的抵抗力——以及他理智的清晰度——在整晚的過程中逐漸減弱。重點在於，他預測自己的決定所造成的影響與決定實際產生的影響之間有極大的差異。他決定「只喝一點不會怎麼樣」。

這些動機、努力、耐心和感知方面的問題是行為因素的關鍵，影響著我們在各個層面上的決策。在整本書中，我們將探討我們的思維如何克服它們，以及如何保持平衡才能做出更好的決策。透過了解我們的思維運作模式，並更清楚地感知到我們當下真正在做什麼，我們可以邁出下一步並改善我們的決策能力：我們可以更易於做出正確的決定，也就是更不易於做出錯誤的決定了。

不過，現階段，在本章中，我們將探討建立決策思維的關鍵原則。首先，有來自行為科學的**四個見解**得到嚴謹的證據支持，讓我們能夠思考我們為什麼會做我們做的事情。將這四個見解結合在一起，我提供了一個**路線圖**，使我們能夠引導改變我們的行為模式。最後，我將更深入地探討做決定的框架，我們將其稱為**決策框架**。這是本書的主要創新觀點，在前一章已經介紹過了。它將幫助你彌合明確願望、設定目標和實現目標之間的差距。從本質上說來，決策框架是一個幫助你做出更好決定的工具，無論是決定早餐要吃什麼，還是你是否要與你的伴侶走入婚姻。

總之，這四個見解、路線圖和決策框架是驅動本書中發生的一切，以及延伸至你生活中的引擎。我們將在本書中的其他章節中詳細探討。但在本章中，我將向你展示它們的概要，確保你熟悉這些想法的基本輪廓，這麼一來，你就可以開始思考它們如何適用於你，以及你所面臨的各種挑戰。

一旦我們掌握了這些原則，設定我們的願望，確認我們的目標，並確定我們的決策，就沒有什麼是無法克服的。

比爾．威爾遜若少了他協助創立的組織的支持，他不可能戒掉酒癮。時至今日，匿名戒酒會（AA）往往是對抗成癮問題的第一道防線。如果你去找當地的全科醫生尋求幫助要戒掉酒癮，他們很可能會指引你去最近的AA聚會小組。但是，像AA這樣的課程計劃是如何幫助人們戒酒，並扭轉他們人生的呢？表面之下究竟發生了什麼事？科學上有什麼說法？它為什麼會有用？

AA提出了一個十二步驟的康復計劃。比爾．威爾遜提醒人們不要試圖將這些原則應用在其他問題上。此外，AA將靈性信仰視為一種激勵形式。我不會在我的決策基礎中以任何方式複製這十二步驟。事實上，我也沒有特別認可AA計劃中的任何一個步驟。再者，這本書中不存在著靈性成分。但是，有些關於人類行為的真相支持著這些步驟，可以幫助我們來理解決策思維。

我想在此抽出這些行為的課題。隨著行為科學的進步，我們現在更加理解為什麼這項計劃取得如此顯著的成功。我們將在本書的最後列出我們自己的七個步驟，並在此過程中提供練習，幫助內化每一條資訊和見解。

首先，以下是完整的匿名戒酒會步驟：

匿名戒酒會的十二步驟計劃

步驟一：我們承認無力抵抗酒精，以致生活變得無法掌控。

步驟二：開始相信有比我們自身更強大的力量，讓我們回復神智清醒。

步驟三：做出決定，將我們的意志和生命託付給我們所認識的神來照看。

步驟四：徹底而無懼地列出我們自己在道德上的優劣之處。

步驟五：對神、自己及所有人坦承我們錯誤行為的真正底蘊。

步驟六：完全做好準備，讓神來協助祛除所有性格上的缺失。

步驟七：謙卑地懇求我們所認識的神祛除我們的缺點。

步驟八：一一列出所有我們曾經傷害過的人，且願意彌補他們。

步驟九：只要有可能，便直接彌補曾經傷害過的人，除非這樣做會對他們或其他人造成傷害。

步驟十：繼續列出個人的道德優劣所在，且當我們犯錯的時候，馬上認錯。

步驟十一：透過祈禱和冥想，與神有意識的接觸；只祈求祂賜予我們知曉祂旨意的智慧及將之付諸實踐的能力。

步驟十二：貫徹這些步驟後，我們的靈性因而甦醒，接著我們要試著將這樣的訊息傳達給其他酒癮者，並在日常生活一舉一動中皆實踐這些原則。

十二步驟預見到許多行為科學的發現。第一點要注意的是著重於動機。這些步驟鼓勵參與者將戒酒的動機從外在因素中解除，並且將動機固定在內在因素上。第二點是該計劃要求參與者努力保持清醒。他們意識到，戒酒的旅程需要在各個階段付諸努力。這不是一個自然而然的過程；是個體必須「做出直接修復」的。對更高層次力量的反覆召喚旨在透過增強耐心和信心來提升人格特質，並改變對可能性和可實現性的看法。這些都是重要的行為考量，有助於長期計劃的成功，並且以同樣的方式鞏固我們的框架。最後，這些步驟鼓勵自我覺察——我們必須對自己進行盤點，找出我們哪裡出了問題，並為未來制定計劃。

同樣重要的是要注意，改善的過程是緩慢的，且要從細微處著手。要在生活中達成持久的變化，我們需要從行為上做出適度的改變開始——小到足以持續下去的改變。畢竟，你正在尋找的重大改變並不容易實踐，因為若是容易的話，你早就實踐了！但改變是可能的。比爾．威爾遜的故事就是一個例子。

我在本書中概述的計劃並非基於ＡＡ，但值得指出的是那個計劃背後強大的行為基礎。有證據表明，這些技巧可以幫助人們克服最根深柢固的行為——毀滅性的成癮。借鑒相同的基礎將有助於我們培養決策思維。

行為科學的四個見解

行為科學文獻對我們的目的有四個重要見解。這四個見解是本書的框架基礎。了解它們（以及它們背後的證據）使我們更容易理解為什麼這個框架會如此強大，以及我們如何最好地利用它來實現我們為自己設定的目標。

在接下來第一部分的四個章節中，我們將深入探討這些見解。我們將研究科學證據，了解心理學和經濟學文獻如何互補和複雜化。我認為，如果你想要好好運用這個框架，那麼充分理解這些科學知識是非常重要的。

但我也認為，你需要一個入門指南。因此，決策思維所依據的四個見解如下：

見解一：決策需要付出努力

在或許是最著名的行為科學著作中，丹尼爾．康納曼（Daniel Kahneman）寫到了兩個思維系統：系統一和系統二。系統一是直覺式決策過程：決策是在沒有任何考慮或深思的情況下做出的。你早上起床，泡了一杯咖啡，一邊喝一邊滑手機看新聞。在此，你做了兩個決定——喝咖啡和滑手機看新聞。但你沒有經過深思熟慮，你並沒有在有意識地思考之下做出這些決定，它們就是發生了。這類型的決定毫不費力，你每天都會做出許多次。

相較之下，系統二是深思熟慮的決策過程：透過這個系統做出的決策是經過深思和考慮的。你會希望諸如與誰結婚，或者是否要去一個新城市工作等決定是經過深思熟慮而做出的，這就是系統二。這兩個系統的區別在第二章中會有更詳細的介紹，但現在需要注意的是，系統二的決策（那些有助於行為改變的決策）需要付出更多的努力，而當你心力不足時，這些決策會更難做出。

這對我們的目的至關重要——當你思及你的日常生活時，你做出的大多數決定都是在沒有刻意思考的情況下做出的。如果我們想要改變我們的生活，我們必須承認並內化這樣一個事實：有一些困難的決定需要做出，而要做出這些決定，並貫徹到底，需要精力和努力。由於涉及到努力，當你是有活力和放鬆時，你可能會做出更好的決定，而不是在你疲憊和有壓力的情況下。考慮到努力，這意謂著你對此是有所計劃的。考量做決定的時機，以便可以在你活力充沛時做出決定，而不是在心力不足時做出。這使你有最好的機會做出正確的決定。

想像一下你剛下班回家。由於近中午時有一些重要的會議，你不得不省略午餐，然後你必須工作到很晚。冰箱裡有健康的食材，但備餐需要時間。你滿喜歡這個晚餐快炒料理的想法，但這需要**長時間**，而你**現在**很餓。或許你可以從送餐服務APP點一頓健康的晚餐。但當你打開應用程式時，跳出一則炸雞和薯條的廣告，還打七折！

這種情況全關乎努力。因為你比平常更累、更餓，所以做晚餐所需的努力要比平時更多。雖然你有意識地認知到炒菜是最佳選擇，但當你考慮替代方案時，你堅持計劃的能力就會下降。因為你已經感到飢餓，所以當一個新的選擇出現時，你更容易受到影響。最後，這種速食體驗只需花最少的努力：你不需要離開沙發。如果你把它歸納總結，你的選擇介於：一頓需要付出努力、短時間內結果不確定的餐點（你可能會把菜燒焦），以及一頓無需費力、短時間內結果已知的餐點（炸雞和薯條就是炸雞和薯條嘛）。從這個角度思考，這根本稱不上什麼競賽——送餐應用程式每次都會獲勝。

見解二：我為什麼又這麼做了？動機

第二個，也許是最重要的見解，是了解動機的必要性。如果你正在做的事情在未來很長一段時間內不會有所回報，你需要問自己「為什麼」。

動機是複雜的。它來自於許多不同的地方，但我們大致將其歸類為「外在」或「內在」。內在動機源自於任務本身；努力的痛苦被從事任務的樂趣所彌補。一個典型的例子來自於運動。有些人每天早上都會慢跑，因為他們喜歡這件事。他們參與這件事是因為它本身。我們將這些稱為心理回饋或內在回饋。

外在動機可能來自於物質回饋（因為你整個星期都表現出色，於是為自己買一些好東西）或社會回饋（向他人展示你的成就）。我們將在第三章中深入介紹這些不同類型的動機因素／回饋。

見解三：我們何時想要？現在！

第三個重要的見解是耐心問題。有耐心的人會更長時間地堅持任務，因為他們願意等待獎勵。然而，我們很多人都不是那麼有耐心。我們希望立即以盡可能少的努力換取回饋。總而言之，我們尋求最大化快樂和最小化痛苦。

問題在於，我們可能會習慣於優先考慮立即獲得回饋的簡單事物（例如：先處理收件夾中的郵件）而不是需要花費長時間的困難事物（例如：寫一份長而重要的報告）。我們在理智上理解，有時為了獲得快樂，必須要忍受痛苦，但我們願意從事痛苦活動的程度取決於回饋的強度和頻率。重要的是要記住，當你將目光放長遠時，你必須意識到你的耐心限度，以及在沒有回饋的情況下，你能夠持續努力的程度。

我們存錢的行為能夠充分說明這一點。當人們從事一份自己並不特別喜歡的工作時，他們更有可能花錢而不是存錢，特別是在他們喜歡的東西或體驗上。全世界的酒吧在發薪日那天都人滿為患，這不是沒有原因的。另一方面，從事自己熱愛的工作而獲得報酬的人更有可能從他們的薪水中儲蓄。他們對回饋的需求較低。這部分將在第四章中詳細說明。

見解四：你的感知形塑你的決定

行為科學的第四個重要見解是，我們認為正在發生的事，往往並不是實際正在發生的事。我們的感知與客觀現實之間有很大的不同。這種扭曲在行為科學領域中通常被稱之為「偏見」。這裡的想法很簡單（將在第五章中更詳細介紹）：我們認為正在發生的事情與實際發生的事情不同，這通常是因為我們的反應是透過我們的心智模式（mental models）過濾的。

有時，依賴我們的直覺是一個好的策略。但我們的感知常常會導致我們做出不符合我們最佳利益的決定。當處理不確定事物時——我們行動的後果不容易得出——我們的感知有助於引導我們的決策。重點在於，我們的感知是基於我們的偏好和情感產生的。例如，你是否曾經檢查過你的銀行帳戶，發現裡面的錢比你預期的還少？那是因為你的偏好和情感讓你對於自己花了多少錢有一種直覺。當然，你會希望它有所不同。

關於培養出決策思維，我想教給你的一切，這四個見解提供了科學依據。如果你陷入困難，或者你感到不安，請回顧以上的概要。

這些見解自然引導我們在弄清楚要去哪裡，以及如何到達那裡時所需要採取的三個步驟。這三個步驟是一個簡易方式，指導我們優化行為的實用指南。我們將在第二部分的各個章節中更詳細地探討路線圖。但是，讓我們先感受一下即將發生的事情。

路線圖

第一步：設定一個目標

你想要做什麼？你想要怎麼去實現？在第一階段，重要的是反思兩件事：動機和影響。你的動力從何而來？當你從生命的另一邊看過來時，你覺得你的人生將會有什麼不同？

如果你的動機是來自內在，那麼你感知到的獎勵可能會比動機來自於其他部分還強大得多。然後是影響：這是你必須特別關注的主要獎勵。你的指路明燈。

我區分出願望和目標。願望是一個大目標，是你想要從生活中得到的東西，但沒有具體說明任何實現它的方法。變得更有錢、變得更健康、寫一本書、學習一項技能，諸如此類的事。然而，目標則是更加精確、更加具體，包括時間表和步驟等細節。第六章將為你提供所有詳細資訊。

第二步：檢查

路線圖的下一步是建立回饋——意即，自我檢查。從長遠來看，你需要弄清楚如何、以及多久才能獲得關於達成目標進度的回饋。這往往比我們意識到的更重要，因為回饋不僅僅是數據。

回饋既可以是正面的、也可以是負面的激勵。如果結構不恰當，過於頻繁的回饋可能會讓人感到沮喪，但過於稀少的回饋同樣也會讓人感到沮喪。根據你設定的目標類型、你的耐心和信心程度以及你的動機，找到一個最佳程度的回饋將有助於你繼續努力實現你的目標。你愈有耐心，就愈能靈活地建立回饋。對於那些缺乏耐心的人來說，設定得到回饋的正確間隔是關鍵。第七章將為你提供結構回饋背後的科學知識。

第三步：兌現

在邁向成功之旅之前的最後一步是，非常仔細地考慮你的獎勵。請記得，實現目標需要付出努力，而你的大腦並不希望你這麼做。無論你的意志多麼堅強，你都需要在努力和短暫的滿足之間取得平衡，這些滿足對你來說是快樂的，但不會違背你的目標。在此再次強調，創造一個適合你的結構是最重要的事。你的耐心決定了你需要多頻繁地獎勵自己為實現目標所付出的努力——如果你缺乏耐心，你就需要根據每個決定來建構獎勵。另一方面，如果你對自己正在做的事情有強烈的內在動機，那麼在過程中就不需要太多的獎勵。第八章將詳細介紹這些，並明確要求你思考這三種類別的獎勵：心理上的、社會上的、物質上的，並要求你提前明確指定出這些獎勵。

再次說明，我將在本書的第二部分詳細介紹路線圖，但如果在讀完本書後的數月或數年裡，你對於路線圖感到不確定，那麼，此處是一個值得回顧的好地方。

於是，行為科學的四個重要見解構成了我們的流程基礎。我們有一個三階段地圖來協助引導我們到達我們想去之處。

但，這一路上可能會遇到我們無法全然控制的顛簸。理論上，設定一個目標、檢查並給予自己足夠的獎勵，這聽起來都很好。但在實踐中，你該如何做到這一點呢？你如何度過每一天？當出現意外情況時會發生什麼事？我們需要一個決策框架。**決策框架**使我們能夠了解我們正在做出什麼樣的決定，在我們做出決定的那一刻，希望我們能夠做出更好的決定，或者，確切地說，不必費力地做出一個消耗能量的決定。

在本書的第三部分中，我們將把決策框架與路線圖結合在一起，使我們能夠建立起決策思維。

決策框架

在考量了我們的動機、信心和耐心程度，設定我們的目標以及結構回饋與獎勵之後，我們需要做最困難的部分：開始做一些能讓我們沿著目標前進的事情。時時刻刻，我們都會面臨有助於、或有損於我們進步的決定。如果你能夠確實做出正確的決定，我的朋友，你便有了決策思維。

但，要如何做出正確的選擇呢？這就是框架的作用了。

你所做的每一個決定都可以根據兩個特點進行分類：影響和頻率。決策可能是低影響或高影響──這意謂著它們或多或少會幫助你實現你的目標或願望。決策也可能是頻繁的或不頻繁的──這意謂著我們可能需要每天多次做出決定，或者一生中只需做出一次決定。將影響和頻率合併考慮，可以將決策大致分為四類。這代表我們只需要做出四種決定中的一種。依重要性順序排列：

類型一：低影響高頻率決策
類型二：低影響低頻率決策
類型三：高影響低頻率決策
類型四：高影響高頻率決策

類型一決策是最不重要的（而且不太值得慎重考慮），而類型四決策是最重要的（並且值得一再、深入地慎重考慮）。

目前，最重要的是，要理解我們的決策通常會被錯誤分類。換句話說，我們浪費時間和精力做出那些對我們的目標沒有幫助的不重要決定。這麼做會產生連鎖反應，耗費應該花在真正重要決定上的時間和精力。第九章和第十章將詳細討論這些錯誤分類。

你可以在此框架內對你所做的任何決定進行分類。我們在堅持到底和自我控制方面遇到的大部分問題都是由於錯誤分類和隨之而來的精力浪費所造成的。

因此，在繼續之前，讓我們先詳細了解決策類型。由於，我喜歡食物，為了幫助你記住區別，並且希望幫助你對你的決定進行分類，我以食物作為比喻。

低影響──高頻率：類型一（蘋果還是橘子）

現在是早上十點左右，你感到有些餓。你晃進廚房，看了看水果盤。你有一個選擇：蘋果或橘子。這是類型一決策。蘋果和橘子都是水果，兩者對你的健康都差不多。雖然你不想每天早上十一點總是吃蘋果或橘子，但從全盤考量之下，吃蘋果還是橘子並不是那麼重要。

第一類，蘋果還是橘子，都是我們可以不假思索做出的日常決定：穿什麼、走哪條路去上班、如何與人打招呼、吃什麼以及何時吃、何時去上廁所、何時用牙線、何時嚼口香糖、何時喝咖啡等等。這些決定大多數都是本能地做出的，幾乎沒有經過深思熟慮。當你做出這類決定時，應該鼓勵自動思考過程。當然，也許你可以稍微調整一下影響的部分，但總之就是，不要為小事煩惱。

低影響——低頻率：類型二（中式還是韓式）

你正在為一些許久未見的老朋友安排一頓晚餐聚會。但要去哪裡呢？市中心有一家很棒的中餐廳，但也有家新的韓式烤肉店剛開幕。後者的評價很高，但你之前去過中餐廳，你很喜歡他們的北京烤鴨。另一方面，如果你以前去過那裡，你的朋友很可能也去過，嘗試新的地方不是更有趣嗎？

中式還是韓式？這是第二類決定，因為，雖然這不是一個你經常要做出的決定，但說到底，從全盤考量之下，你決定去哪家餐廳並不是那麼重要。

第二類，中式還是韓式的決定，是偶爾做出的：是否購買演唱會門票、下一個假期要去哪裡、買什麼樣的洗衣機、買什麼樣的電腦等等。從長遠來看，這對你的生活和福祉影響不大。然而，它們往往是經過深思熟慮和反思後做下的決定。這些決定佔用了心理資源，部分原因是它們的頻率較低。減少在這些決策上投入的精力將有助你將更多精力投入到其他的決策類型上。

高影響——低頻率：類型三（純素主義者還是肉食主義者）

你已經讀了有關健康和道德影響的報告。你已經看過紀錄片並且堅持吃素六個月了。但現在，經過大量研究和實驗，你決定採取行動，你要成為純素主義者。這是第三類決定——它對你的生活和你周圍的人有很大的影響。這涉及到健康、財務甚至環境方面的影響。大多數人不會反覆選擇成為純素主義者——他們只做一次決定，而這也影響了他們必須做出許多其他更高頻率的決定。

第三類，純素主義者或肉食主義者的決定，是關於像是住在哪裡、投資、是否（以及多少）繳納退休金、選擇什麼職業、是否盡力爭取升職、是否取得更高學位、是否結婚或有小孩等等。這些是我們不常做出的決定，但對我們的生活和福祉有很大的影響。通常（在理想情況下）這些決定是經過深思熟慮和受到控制式思考做出的。不幸的是，我們常常因為「其他事情」而陷於停滯狀態，無法理性地做出這些決定。有些人可能為了迎合朋友而成為純素主義者。有些人可能出於同樣的原因吃肉。這並不是做出重大決定的最佳方式！

高影響──高頻率：類型四（洋芋片還是堅果）

一天的工作結束了。你吃完晚餐，翹著腳看電視，而你還可以吃點零食。你可以選擇健康的無鹽、未加工的堅果，或健康程度明顯較低的海鹽酸味洋芋片。經典的第四類型決定。第四類，堅果還是洋芋片，是對我們的健康有著巨大影響的日常決定，尤其是從長遠來看。例如要睡多久、是否在收銀台買高熱量巧克力、是否抽菸、我們在店裡買咖啡還是在家裡自己沖咖啡等等。

正如蘋果和橘子，你可能會在無意中選擇洋芋片而不是堅果，幾乎沒有太認真思考。但是，與第一類決定不同的是，第四類決定有可能大大地影響我們的健康，特別是由於它們的頻率。如果你每天晚上都吃洋芋片，那麼，在漫長的歲月裡，你可能會遭受各種健康問題的困擾——心臟病、高血壓、肥胖。當我們尋求建立決策思維時，這個類別與我們息息相關：這是我們最有可能忽視的領域，但只需一點額外的努力和計劃便可以產生極大差異。在這種情況下，你可以決定不買洋芋片，於是，當你感到有點餓時，你可以選擇健康的無鹽堅果或者……什麼都不吃。

我們將在第三部分更加詳細地探討這個框架。但是再次重申，如果你遇到困難或有一段時間沒有翻閱這本書了，以上內容可以為你提供良好的入門知識。

與此同時，這個章節讓你了解到我們所進行的不同類型思考，認知到我們的決策是可以分類的，並且洞察到我們在做決定時可以投入多少努力來採取策略性的決策。在本書中，這四個見解是其他一切內容的科學基礎。路線圖解釋了我們如何改變我們的行為，而這個框架是以一種簡易但高效的方式對決策進行分類的方法。

在這個過程中，我將在每章最後讓你做一些練習。我之所以設計這些練習是為了讓你的生活盡可能更順利一些，但請記住，你在本書中投入多少，便能獲得多少。所以，請拿起一支鉛筆，準備好在頁面上做標記。第十一章將指引你完成整個步驟（如下表所示），來建立你對願望的決策思維。然而，參與這些反思練習對於你的理解是非常重要的。你甚至可以與朋友一起完成這些練習，他們可以作為社群激勵者！那麼，言歸正傳，以下是你的決策思維計劃：

決策思維計劃七步驟：

第一步：寫下你的願望
第二步：寫下實現你願望的具體目標
第三步：將目標拆解為一連串重複的決策
第四步：依決策的低頻率或高頻率進行分類
第五步：對於每個高影響決策，指出一個低影響決策
第六步：建構獎勵（即兌現）
第七步：列出你的回饋和修正計劃

看起來有些令人望之卻步？好吧，所有這些步驟都將在接下來的每一章中詳細介紹。所以你唯一要做的就是，閱讀下去！

堅持戒除

一九三四年十二月十一日，比爾買下並喝完最後的一杯酒。在經歷一次靈性上的體驗之後，比爾在他的餘生中再也沒有碰過酒精。他將氣力轉向幫助其他有同樣經歷的人：這就是匿名戒酒會十二步驟計劃的起源。比爾的故事中具有啟發性的是他一路走來的經歷：找到達成清醒的動機、承認自己的軟弱、理解自己為何屈服於誘惑，以及最終調集資源來實現他的目標。這是一個了不起的故事，也是數以百萬透過ＡＡ計劃實現清醒的人們所分享的故事。

無論你是渴望戒酒、存下一筆錢、健身還是其他什麼，這本書的課程都是通用的。它們適用於各種目標和每個人。它們要求明確專注在目標背後的動機，明確說明實現目標後所感知到的獎勵，以及對耐心和信心更深入的理解，得以建立回饋和獎勵，並且優化實現目標中的資源。

這本書將帶領我們一步步踏上旅程。我們將了解每個步驟背後的機制，進而更了解什麼有作用、什麼沒有作用。同時，單單只是閱讀是沒有幫助的，我希望你能夠參與這本書，並參與其中的決策框架。因此，為了推動你朝著正確的方向前進，在每一章的結尾，我都會交待一些事情給你，有一項作業和讓你可以記下想法的空間。在本書的學習過程中，如果你逐一完成每一項作業，在建立決策思維這方面，你將會取得很大的進展。

小方塊：輪到你了！

作業#1

請寫下三件你渴望達成的事。這些應該要是大方向的願望，所以，請寫下一些你希望在很長一段時間內（例如五年或十年）能夠實現的廣泛目標。你可以考慮像是「變健康」、「存更多錢」或「變得快樂」之類的願望。隨著我們逐章進行，你會變得更加具體和精確。但就目前而言，重點是簡單地思考大方向的願望，那些你認為會讓生活變得更好的事情。

對於每個願望，我希望你回答三個W：什麼（What）、為什麼（Why）、何時（When）。在這個階段不要想太多它是否可行，只管寫下來。也請根據你的直覺和感受來回答這幾個W的問題（篇幅有限是有其原因的！）。在本書的過程中，我們將把這些轉化為具體、可行的目標，但現在我希望你先寫下讓你拿起這本書的三個原因。

願望一：

你想要達成什麼願望？

你為什麼想要達成這個願望（它將如何改變你的生活）？

你想在何時達成這個願望？

願望二：

你想要達成什麼願望？

你為什麼想要達成這個願望（它將如何改變你的生活）？

你想在何時達成這個願望？

願望三：

你想要達成什麼願望？

你為什麼想要達成這個願望（它將如何改變你的生活）？

你想在何時達成這個願望？

完成以上後，請繼續閱讀下去——接下來的四個章節（第一部分）將深入探討支撐本書的科學知識。如果我們了解我們為什麼會做出我們所做的事情，我們就能弄清楚要如何改變了。

參考資料：

Anonymous. *'Pass It On': The Story of Bill Wilson and How the A.A. Message Reached the World.* Alcoholics Anonymous, 1984.

Kahneman, Daniel. *Thinking, Fast and Slow.* Macmillan, 2011.

第一部分

行為見解

第二章

長時間工作與致命失誤

——決策、努力與疲勞

關鍵要點——見解一：決策需要付出努力

如果你要想像一條典型的美國郊區街道，那將會是紐約州北部的長街（Long Street）。乾淨整潔，兩側都是獨棟的兩層樓房。這些房子本身就是典型的美式風格：白色的尖樁圍籬、修剪整齊的草坪、牆板房屋。只要在螢幕上看到它們，人們便能一眼認出。居民也是典型的美國中產階級——教師、白領、專業人士——通常是有孩子的年輕家庭。他們

享受置身於安靜的社區，遠離大城市的喧囂，像是鄰近的紐約水牛城。

但這種寧靜的景象在二〇〇九年二月十二日的那個晚上永遠改變了。那是一個寒冷的星期四，氣溫略高於冰點（華氏三十三度，攝氏零點五度），但這對於冬季的紐約州北部來說很常見。晚上十點剛過，長街的許多居民都準備就寢了；在度過一週的忙碌高峰後，他們將目光鎖定在次日下午五點，接著就是週末了。[1]

晚上十點十五分，六十一歲的道格拉斯．維林斯基（Douglas Wielinski）離開起居室，走到餐廳做一些事。道格是芬蘭金屬公司諾而達水牛城的行銷經理。他是越戰老兵，偶爾會在克拉倫斯高中教授歷史。[2]學校負責人後來回憶著道格對學生有多麼盡責，他有多麼喜歡分享自己的經歷。他的妻子凱倫，當天晚上也在家裡，他有四個女兒，當時只有其中一個女兒吉兒在家中。[3]

然後，就在長街和楓樹街的轉角處，傳來了一聲驚天動地的巨響。接著，一個巨大的火球照亮了街道，宛如白天。人們紛紛逃離家園。是地震嗎？恐攻？核戰？

克拉倫斯中心的居民所看見的景象極其震撼。一場大火從長街六〇三八號燃起，火光照亮了整個社區。居民震驚地看到一架飛機的機尾似乎突出地面，那原先是一棟房子的所在地。在地面之上，大陸航空公司的標誌出現在機尾。飛機撞斷了兩棵樹的頂端，然後撞上了房子的南側。道格死於多處鈍器創傷，而凱倫和吉兒則僅受了輕傷。家屬找的病理學家根據驗屍結果指出，道格的死亡相當於被放入烤箱中。[4]

怎麼會發生這種事？

經過長期調查，該航空公司得出結論，墜機事故是由於機師失誤造成的。什麼失誤？為什麼會造成？

事故發生時，馬文．倫斯洛（Marvin Renslow）四十七歲。他是一位經驗豐富的機師，在紐澤西州的紐華克工作，但住在佛羅里達州坦帕國際機場附近。公司記錄顯示，他自加入公司以來一直是一名通勤機師。眾所周知，倫斯洛是一個認真工作的人，他必須兼顧飛行訓練與其他工作，還常常在超市兼差，從事旅遊預訂和銷售工作。他是一個顧家的男人，與妻子和兩個孩子住在一起。他被形容為「照本宣科」做事的人。[5]最令認識他的人感到震驚的是，墜機原因被歸咎於機師失誤。

截至墜機當天，倫斯洛已累積的飛行時間為三千三百七十九小時，其中作為機長的飛行時間為一千零三十小時，Q400客機[6]飛行時間為一百一十一小時。雖然他成為機師的道路漫長且艱難，但他經驗豐富並專業。他的飛行近期沒有停頓過——他並沒有荒疏。記錄顯示，在墜機事故前九十天內他已飛行一百一十六小時。他沒有任何意外或事故記錄，也沒有駕照吊銷或吊扣記錄。在模擬機和飛行訓練期間，他的決策評價都是「非常良好」，他最大的優點是他的「有條不紊及一絲不苟」。[7]

在事故發生的前幾天，他的副機長表示，倫斯洛操作飛機得當，一一核對檢查表並遵循程序。具體而言，在Q400客機上，曾與馬文一起飛行的機師表示他很有能力。他營造了一種輕鬆的駕駛艙氛圍，但在關於機艙靜默規則方面卻十分嚴謹，該規則規定，在飛行的關鍵階段，禁止在駕駛艙內進行一切非必要活動。他的決策能力幾乎沒有什麼好質疑的。

談到他的健康狀況，馬文的妻子說，他在事故發生前沒有任何嚴重的疾病。他有一點高血壓，一直有在服用營養補給品。他的睡眠品質也很好，通常每晚睡八至十個小時。[8]一個睡眠品質很好的人，通常，每晚睡足八至十個小時。讓我們把時鐘撥回事故發生的那天晚上。

那個二月的晚上六點，在紐澤西州紐華克的自由國際機場，美國大陸航空發佈了三四零七航班的派發通知，預計將於晚上七點十分飛往水牛城尼加拉國際機場。這是一趟短程航班，通常不到一小時。本次飛行使用的飛機是龐巴迪DHC-8-400（Q400）。由於飛機於下午六點五十三分抵達紐華克而造成延誤，該航班最終於晚上七點四十五分起飛。到目前為止，一切都好。[9]

下午一點三十分，三四零七航班的機長（馬文）和副機長報到上班，他們提早抵達。他們當時被要求在這個時間報到，因為他們當天的前兩趟航班是從自由國際機場飛往羅徹斯特國際機場，但由於紐華克的強風將導致起飛延誤，這些航班已被取消。

中午十二點，區域總機師與三四零七航班的機師會面。他提出要做一些行政工作，這是機師行政職責的一部分。

上午十一點三十分，另一班航班的空服人員回報說，機師正在機組休息室裡吃午餐。

早上七點二十六分，機師登入了線上系統。

凌晨五點二十五分，機組人員回報看到機長在機組休息室裡睡覺。

凌晨三點十分，機師登入了線上系統。

二月十一日晚上九點五十一分（墜機前一天），機師登入了線上系統。

沒有記錄顯示機師當晚睡在哪裡，但是，正如我們所見，他曾在機組休息室裡睡著了。

二月十日晚上，機師在一家飯店過夜。他在二月十一日凌晨五點十五分退房，不久後便報到上班。他的報到時間為上午六點十五分。他的輪班工作時間為九小時四十九分鐘。[10]

一個長班。沒有多少睡眠。然後：致命失誤。

眾所周知，馬文．倫斯洛是一位細心、認真、敬業的機師。他很嚴謹，是個顧家的男人，是一名基督徒。至關重要的是，在他漫長的飛行生涯中，他在任何時候都不輕易犯錯。他不是那種你認為會做出錯誤決定的人。

然而，飛行記錄非常清楚表明，墜機事故是由於機師失誤造成的。[11]飛機墜毀在長街上的一棟住宅裡，距離水牛城尼加拉國際機場跑道終點約八公里。在抵達目的地之前，飛機警告即將發生失速，而倫斯洛似乎是生平第一次做出了不當反應，引發了一連串導致飛機失速然後墜毀的事件。這場墜機造成了所有四十五名乘客、四名機組人員以及道格拉斯．維林斯基的不幸罹難。

從報告中可以清楚看到，在事故發生前一天，馬文．倫斯洛沒有睡好，甚至一直在長時間工作。而且，顯然他在機組休息室裡睡覺，但半夜登入系統查看並更新飛行記錄，那時候他的睡眠就中斷了。

當被要求做出一個關鍵決定時，馬文的狀態是疲累的。付出的代價是他自己的生命，以及許多其他人的生命。

決策疲勞

應該很容易理解，當我們筋疲力盡時，我們的決策會變得更具挑戰性。馬文．倫斯洛的案例是一個極端的例子。很顯然地，他非常疲累。正如我們所知，當我們在做出決定時消耗的能量對於這個決定的好壞有著巨大影響。當我們的能量耗盡時，無論是因為我們連續幾天沒有睡覺，還是因為更微妙的原因，要做出理性的選擇就會變得更困難。

在本章中，我們將探討為什麼會出現這種情況、對此科學有何說法，以及這在我們努力實現長期目標時將如何影響我們。為此，我們需要回顧我的領域——行為經濟學的歷史。

一九四三年，著名心理學家克拉克．赫爾（Clark Leonard Hull）出版了《行為的原理》

（*Principles of Behavior*）。在這本書中，他詳細闡述了「少做事法則」（Law of Less Work）。[12]該法則指出，人們（和動物）在達到相同目標的兩條路徑之間做出選擇時，他們會明顯偏好較短的路徑。換句話說，如果人們需要到河對岸的城鎮，他們更喜歡走橋，而不是游泳。

這個簡單的原理在經濟學和心理學領域以多種形式存在超過一世紀了。經濟學家喜歡從價值和價格的角度來思考事物。為此，經濟學家將勞動成本化，而這些成本必須得到補償，才能讓個人付出努力。換句話說，如果你想要我把一個沉重的袋子拖上山，你需要付我錢。努力爬上山的代價將由完成這件事的報酬來平衡。

用最簡單的話來說，行動遵循兩個規則：

- 如果回報大於付出，就會採取行動。
- 如果付出大於回報，就不會採取任何行動。

在衡量成本和效益時，經濟學家使用「效用」模式。基本主張是，任何帶給個人快樂（獲得報酬）的行動會產生正效用，而任何導致個人痛苦（拖著一個沉重的袋子上山）的行動會產生負效用。

以此為指引，並拆解為最簡單的形式，當你做決定時，你最終要做的就是權衡這個決定的效益／獲得與付出。本質上，就像企業考慮展開一個新專案一樣，我們會進行簡單的成本效益分析。我們預期的資產負債表結果決定了我們的行為。如果我們認為這個決定所帶來的快樂會大於執行決定所帶來的痛苦，我們就會這麼做（五百英鎊是個好交易，我不介意拖著這個沉重的袋子上山），而如果情況相反，我們就不會這麼做（兩英鎊！你在開玩笑吧。）

這是一個簡化的框架。即便如此，它還是解釋了為什麼我們會做出許多日常進行的決定。

亞當・斯密是一位經濟學家，他很早就發現到這個觀點。斯密在十八世紀就開始寫作，對他來說，努力這個概念通常指的是體力勞動。也就是說，人們在工作中付出體力來換取薪資。[13]但是自十八世紀以來，經濟學家在各種勞動市場中使用這些模式。而今，工作可能不需要太多的體力勞動——想想馬文・倫斯洛駕駛飛機。成功駕駛飛機並不需要太多的體力，但需要大量的腦力勞動。當代的經濟學家和心理學家發現，腦力勞動之於我們的代價和體力勞動一樣。如果我要求你設計一台能夠將沉重的袋子運上山的機器，即使從生理上來說，這個任務並不困難，你仍然希望獲得報酬。

儘管我們今日的生活已經大不相同，但赫爾在一九四三年提出的「少做事法則」仍然成立。人們最小化腦力消耗的方式與最小化體力消耗的方式完全相同。無論我們多聰明、多有能力或者多有經驗，我們總是採取思維捷徑。如果能以較低的（精神或體力）成本獲得相同的回報，人類的思維就會傾向於選擇付出較少的行動。這對於過河或……駕駛飛機都是如此。

有一系列的實驗進行來測試「少做事法則」。[14]基本設定是這樣的：參與者的任務是從兩副可能的牌組中選擇一張牌。在選擇一張牌後，會顯示出一個介於一到九之間的數字，但不包括五。這個數字會以藍色或紫色顯示。參與者被告知，如果顏色是藍色，而如果數字大於五的話，他們需要說「是」，反之，他們需要說「否」。如果顏色是紫色，而如果數字是偶數的話，參與者需要說「是」，如果是奇數的話，他們需要說「否」。參與者總共重複這個任務五百次。

不管怎麼看，這個任務都相當簡單——肯定不像開飛機那麼難。不過，如果顏色維持不變，任務就會更容易，因為你只需要記住一條規則。但是，如果顏色在藍色和紫色之間不斷切換，任務就會變得更具挑戰性，因為參與者需要記住顏色決定的不同規則。這就是實驗變得有趣的地方。

參與者必須從兩副可能的牌中選牌。然而，他們不知道的是，其中一副牌的認知要求低於另一副牌。在其中一副牌中，如果抽出的一張牌是藍色的，那麼下一張牌有百分之九十的機會也是藍色。同樣，如果從這副牌中抽出一張牌是紫色的，那麼下一張牌有百分之九十的機會也是紫色。因此，從這副牌中選出來的牌有很高的機率在解決試驗時保有一致的規則（大於／小於五或奇數或偶數）。對於第二副牌組，機率是相反的，顏色只有百分之十的時候保持不變，這代表你有百分之九十的時候會在不同的規則之間切換。發起者發現，當參與者在兩副牌之間自由選擇時，有百分之八十四的人選擇了要求低的牌組，也就是絕大多數人。這應該不足為奇。事實上，心理學家多年來一直認為如此，但直到最近，這類實驗才證明了這一點。

不過，就我們的目的而言，有必要了解這種情況對於不同人的影響，因為，什麼算是心智努力因人而異。另一項實驗要求參與者回想一連串字母，但他們可以自行選擇需要回憶多少個字母。任務的難度較高（記住六個字母）可以獲得較多的錢，而任務的難度較低（只記住一個）可以獲得較少的錢。人們必須選擇他們能夠接受的難易程度，以及他們樂於獲得的回報。[15]

結果是什麼呢？不同的人對於心理成本的重視程度不同——有些人願意為了更多的錢承擔困難的任務，而另一些人則不願意。研究結果還表明，自我控制取決於努力的成本有多少——每個人都有一個他們不會超越的限度。只是不同的人有著不同的限度。

那麼，有兩個主要發現：人們的心理成本程度各不相同，並且願意付出代價來避免這項任務。[16]如果我們想在嘗試達成目標時成功做出正確的決定，無論那個目標是什麼，都需要牢記這兩個發現。

兩種類型的決策

正如我們所見，當你做決定時，擁有自我認識是至關重要的。由於本書的目的是填補設定目標和實現目標之間的差距，於是，當你設定目標和建立獎勵時，了解你是否願意付出代價來避免困難任務是非常重要的。但為了更有效地建立決策思維，我認為最好要理解我們行為背後的原因。在表面之下發生了什麼事？

正如我們已經得知的，丹尼爾．康納曼建議，我們在做出決定時可以應用兩種思維方式。我們稱之為系統——兩種不同機制在不同的時間運作以達到不同的結果。有自動化系統（系統一）或深思熟慮系統（系統二）。這兩個系統是截然不同的，並且在不同的時候用於解決不同的問題。[17]

分別來看，系統一（自動）思維被歸類為輕鬆的、聯想的、直覺的。[18]像這樣的思維不需要太多努力。正如我們所見，人在大多數時候傾向於選擇這種思維方式，特別當獎勵較低的情況下。這類型決策的例子包括從臉部表情中讀取情緒或接球。這兩者都是極其複雜和困難的計算，但只在幾秒鐘內便完成了。我們日常生活中的大多數決策都是這麼進行的，這也是一個好的方式。畢竟，如果你必須坐下來提前計算球會落在哪裡，那麼你永遠也接不到球——根本沒有時間。

第二種是系統二（深思熟慮）思維，它被歸類為費力的、反思的和基於推理的。[19]如果你正試圖在一盤棋中考慮下一步怎麼走，或者在考慮是否要買房子，那麼你很可能正在進行深思熟慮的思考。正如我們在前一節中所看到的，我們的大腦會盡量減少使用系統二思維。當有橋可走時，為什麼還要游泳呢？

想一下以下問題：一根球棒和一顆球的價格為一點一英鎊。球棒比球貴了一英鎊。球的價格是多少？

很顯然，是十便士。

對嗎？

錯了。但如果這是你第一個想到的答案，請不要擔心。許多人的反應都和你完全相同。這個問題來自於認知反射測試（Cognitive Reflection Test）。[20]這是一個謎題，它說明了我們的大腦是如何輕易地讓我們不去正視一個特定的問題。正確的答案是，球的價格是五便士，因為球棒（比球貴一英鎊）的價格是一點零五英鎊，加起來總共是一點一英鎊。

你的大腦走了一條捷徑。它不願費心去深思熟慮，而是尋求感覺對的答案。

接下來是另一個供你破解的謎題，同樣取自於認知反射測試：湖中有一片睡蓮，每天，葉子的面積都會增加一倍。如果睡蓮葉子要覆蓋整個湖面需要四十八天，那麼，睡蓮葉子覆蓋一半的湖面需要多久（以天為單位）呢？

想一想你的直覺反應……現在，再回想一下，仔細閱讀問題，強迫自己超越第一個答案。你有想到不同的答案了嗎？

在行為科學中，我們討論了「認知偏誤」（cognitive bias）。這是由於我們大腦處理訊息的方式導致對世界真實狀態的偏離。這代表對我們許多人來說，現實是主觀的。我們看待世界的方式受到我們生活經歷的影響，然後這些影響會體現在我們的行為當中。例如，一個身材高大、體格壯碩、從未遭遇過肢體衝突的人可能會在凌晨四點毫不猶豫地穿過一條暗黑的小巷，而另一個人可能會遠離最短路徑，繞道而行來避免這種情況。這裡的重點是，對於許多人來說，世界或許有所不同，而這些差異是系統性的。這代表偏差是常見且可預測的。

在謎題的例子中，請注意，一旦你意識到這種思維方式，你可能會以不同的方式解讀第二道謎題。這是因為僅僅意識到我們的偏見就可以幫助我們減少它們。重要的是，一旦我們對系統一和系統二的思維有了更深入的理解，我們便可以開始克服我們的盲點。

一個重要的例子確切引起了美國體育迷的注意，一項研究表明在美國國家籃球協會（ＮＢＡ）的裁判中存在著種族偏見。[21] 研究人員收集了一九九一年至二〇〇三年間每場ＮＢＡ球賽的球員程度數據，這些數據包含了球員的表現統計數據，以及每場比賽的上場時間和犯規次數。研究人員還研究了在每場比賽中吹判犯規的裁判組。ＮＢＡ每場比賽使用三名裁判。他們觀察每支球隊的種族組成，以及裁判團隊的種族組成。具體來說，他關注非裔美籍球員和白人球員，以及非裔美籍裁判和白人裁判。

他們發現到一個顯著的結果：裁判在吹判犯規時通常會偏袒自己的種族。他們發現，當球員的種族吻合裁判組的種族時，球員的犯規次數最多少了百分之四，得分增加了百分之二點五。換句話說，裁判表現出偏向自己的種族。

這些結果特別有趣的地方在於，這些裁判都是訓練有素的人員。他們在日常工作中承受著極大壓力和巨大監督。由於他們接受的培訓水準，以及他們需要迅速做出判決的速度，我們可以合理預期他們在許多情況下都是使用系統一流程來做出快速決定。當依賴這樣的過程時，系統性偏見就會不自覺地產生。由於受到高度檢視，當判決更直接時，他們不太可能會做出這些決定，但是系統一流程的使用，特別是直覺，可能會讓我們所謂「群體化偏袒」的偏見逐漸顯現。[22]

這項研究的結果在研究發表之前就已經被廣為宣傳。這是一個重磅發現。受到廣泛的媒體關注，包括《紐約時報》的頭版報導，以及查爾斯·巴克利等知名前籃球選手的評論。

但這並沒有阻止科學家收集更多的數據。研究人員接著表明，在二〇〇七年至二〇一〇年期間（媒體報導後不久），裁判組偏向同一種族球員的情況消失了。[23]這項新研究的結果很振奮人心——他們得出結論，僅僅意識到偏見就有減少偏見行為的效果。[24]

試著做出決定

於是，當我們試著培養決策思維時，這一切對我們來說代表著什麼？嗯，首先要留意的重點是，決策需要付出努力，畢竟，這是見解一。但更具體地說，需要客觀判斷而非主觀感受和直覺的決策需要付出努力。這些決策就像體力勞動一樣費力。進而延伸，這也代表著一遍又一遍地思考某件事可能會（而且經常）令人耗盡力氣。這就是為什麼很多時候，你的大腦依賴著捷徑。不然，你每天早上都會站在浴室的鏡子前認真思考刷牙前洗臉的優點和缺點。

這裡要留意的第二點是，通常，人們都是認知的吝嗇者（cognitive misers）。[25]使用大腦需要付出很大的代價，所以人們很吝嗇。也就是說，對於特定的獎勵，我們總是嘗試採取最簡便的路徑。一貫採取最少認知工作量的行動。如果你能走橋，為什麼還要透過游泳來跨越認知之河呢？

第三，為了採取需要更高認知工作量的行動或決定，獎勵必須看起來相對等。也就是說，付出更大努力的決策要求更高程度的獎勵。如果有人付出足以令你感到值得的價錢，你將會游泳過河而不是走橋。

我們為什麼會這麼做的原因在於，我們的大腦有兩個不同的系統來處理問題並提出解決方案：系統一／系統二框架。根據這個，大多數決策都是使用系統一流程做出的，因為它對我們的大腦來說比較容易。然而，有些決策是使用系統二流程做出的，重點在於要辨識這些決策在何時何地被觸發。

為了保護認知資源，我們的大腦採取思考捷徑（我們稱之為「捷思法」）來解決複雜的問題。我們依賴系統一流程，意思是我們可能會忽略資訊，或只處理我們容易得到的資訊。回想一下我們的謎題——問題中最容易獲得的資訊通常會出現在我們的答案中。我們認為問題問的是比實際稍微簡單一點的事。這構成了主觀現實的基礎；我們的世界就是這樣——屬於我們自己的。我們並不總是對周圍發生的事情有準確的理解。事實上，大多數情況下當我們做決定時，我們都是在資訊不完整的情況下做出的。很多時候，這並不重要。但是當缺乏資訊時，我們的大腦會自動填補空白。這就是系統性偏見開始產生的地方。

事實是，偏見是系統性的，意思是它們與你有關，你需要考慮到它們。你無需感到不安。它們也與我有關，這關乎於每個人。也就是說，在某些情況下，你的行為方式是可預測的。你依賴系統一流程，並憑著直覺和內心感受做出許多決定。

對於建立決策思維而言，這有著巨大意義。如果你的目標是吃得更健康，當你設定目標時，你可能曾經這麼想，你只需要在時機到來時提醒自己要健康飲食。但所有這些證據都表明，你的晚餐是否健康通常不是基於你的長期健康目標或你的醫療保健提供者所建議的。它是基於你決定要吃什麼時感覺到的飢餓感。你正經歷科學家所謂的意圖——行動差異：你打算做出正確的決定，但到了要做出決定的時候，你卻常常猶豫不決。就像ＮＢＡ的裁判一樣，經過多年的訓練和持續的監督，在懲戒某些球員時，從未打算做出有偏見的決定，但當時機到來時，他們就是這麼做了。

你有意志力。你可以克制衝動。你可以將決策從系統一轉移到系統二，但也有其限制。這麼做（克制衝動）是有限的，將決策從系統一推向系統二，這取決於你在沒有獎勵的情況下所能付出的心智努力的限制，而這種努力程度對於不同的人也有所不同。你可能恰好處於這個等級的較低階。別慌張。那不是什麼世界末日。你只需要找到方法來保留你的認知資源。意思是你需要仔細檢視你所做出的許多選擇，並且積極思考哪些選擇佔用了大量的能量，或者是否有辦法能夠最小化你可能做出的決定數量。在本書的第三部分，我們將對此進行更詳細的討論。但現在就值得開始思考這一點了。

例如，以健康飲食為例，不是當你餓了、當你因為工作一天累了的時候才選擇吃什麼，而是當你處於對的情緒狀態時，你能夠做出決定嗎？你可以在星期天早上，就在吃完早餐後，選擇你要吃什麼嗎？然後，當你從週末恢復精神時，你可以在星期天晚上預先煮好接下來一週的便當，在時間到的時候用微波爐加熱即可？

你的大腦自然會讓你難以將你的行為與你的長期目標、你的意圖與你的行動、你的需求和你的欲望保持一致。

但還是有希望的。正如我們所看到的，簡單的察覺便可以幫助減輕這些傾向。如果你稍微反思一下第一個謎題是怎麼讓你犯錯的，那麼當你遇到下一個謎題時，你或許會更加謹慎。你會試圖超越你的第一個直覺性答案。這是意識在行動。這是認知到你經常做出的那些瞬間決定可能不符合你的最佳利益的第一步。而且，在閱讀完本章後，你現在比起一個小時前或更早些時候有了更明確的意識了。

接下來是最後一個需要思考的謎題：如果五台機器需要五分鐘才能製造出五個小產品，那麼一百台機器需要多少時間才能製造一百個小產品？

如果你的第一個答案是一百，那麼是時候離開系統一思維了！

致命的捷思法

我們知道馬文・倫斯洛做了一個糟糕的決定。他的飛機正在失速，而他做出了錯誤的決定。這個錯誤是他造成的。這個錯誤讓他和機上的所有人都喪生了。這確實是一個致命的錯誤。

倫斯洛之前可能就已經遇到過失速的情況。飛行員從最早期的訓練中就開始練習對失速的反應，以確保他們在必要時刻做出正確的決定。然而，在這次事故中，儀器已經針對結冰現象做出調整。由於倫斯洛太疲累了，他在處理失速事件時沒有考慮到這一點。相反，他根據之前在稍有不同條件下的飛行經驗做出了一個瞬間決定。在訓練期間進行的所有那些演練，那些他曾經面臨的無數次失速，讓他以為他看到了一種情況，但實際上他所面臨的是一種略有不同的情況。他依賴捷思法。就像認為如果五台機器需要五分鐘才能製造出五個小產品，那麼用一百台機器製造一百個小產品就需要一百分鐘一樣，倫斯洛仍被那些以前的決定影響，只看到最醒目的資訊，沒有考慮到環境的變化。這是一個微小的思維錯誤。結果卻是極其嚴重的錯誤。

系統一流程的問題在於，雖然這些程序在保護資源方面做得非常出色，但它們不一定是「正確的」。它們的設計目的是在大多數情況下足夠準確，因此忽略了背景和細微差別。意即，它們帶入了偏見，導致我們做出判斷上的錯誤。慶幸的是，對我們大多數人來說，這些決定並不像倫斯洛面臨的那般危險，但長期下來，許多這樣的決定在很大程度上導致我們打算做的事情與我們實際做的事情之間存在著差異。

在三四零七航班空難後，美國聯邦航空當局正式承認機師疲勞是導致墜機的因素之一。[26] 二〇一一年十二月，新法規限制了飛行員執勤的最長工作時間（介於九至十四小時之間，從原本的十六小時縮減）。此外，飛行員的飛行時間被限制為八至九小時。新規定還增加了在值勤日之前至少要有十小時的休息時間（從原本的八小時增加），並要求航空公司制定飛行員疲勞計劃。這個案例顯著地將飛行員疲勞議題拉到了政策議程的最前沿，並認知到疲勞對於決策的影響。航空專家認為，美國安全性的提高直接歸因於三四零七航班。[27] 就像你一樣，各機構透過意識到自己的盲點而變得更加有效用。

我們的大腦很懶，它會尋找節省能量的方法，當我們疲憊時更是如此。這代表著，如果你期望單靠著意志力強迫自己健康飲食，那是不可能的。在某些時候，你會感到疲倦，你的大腦會依賴捷思法，讓你偏離你的目標。那是自動執行的。但是，一旦我們意識到這一點，我們就可以辨識導致意圖與行動之間差距擴大的觸發因素。

在下一章中，我們將在這個基礎上介紹動機的作用，以及如何透過增加深思熟慮系統的使用，使我們專注於我們的目標。

小方塊：輪到你了！

作業#2

回顧你在第一章提出的三個願望，我希望你想一下，你必須做出一個有助於實現這個願望的決定，但你選擇不這麼做。這可能不是一個積極的選擇，而是一種情況，你走向與每個願望所建議你做的完全相反的方向。

想想那些你放棄的時刻。想想那些你「懶得這麼做」的時刻。你沒有去跑步的時候，或你吃下那根對你大聲呼喚的巧克力棒的時候。試著弄清楚當你做出違背你願望的決定時的情境是什麼。

不用為此感到難過！過去你可能曾試圖只依靠意志力，但並沒有意識到背後運行的行為科學，這注定會失敗。這個練習是為了幫助你提高意識，正如我們在那些籃球裁判身上看到的那樣，這是邁向正確方向的一大步。

願望一：

決定是什麼？

為什麼你會做出這樣的選擇？

你能改變什麼呢？

願望二：

決定是什麼？

為什麼你會做出這樣的選擇？

你能改變什麼呢？

願望三：

決定是什麼？

為什麼你會做出這樣的選擇？

你能改變什麼呢？

參考資料：

Hull, Clark L. *Principles of Behavior: An Introduction to Behavior Theory*. Appleton-Century-Crofts, 1943.

Smith, Adam. *The Wealth of Nations*. Edited by Edwin Cannan, 1776 [1904]. https:// www.econlib.org/

Kool, Wouter, McGuire, Joseph T., Rosen, Zev B and Botvinick, Matthew M.'Decision making and the avoidance of cognitive demand.' *Journal of Experimental Psychology: General* 139, no. 4 (2010): 665.

Westbrook, Andrew, Kester, Daria and Braver, Todd S. 'What is the subjective cost of cognitive e□ort? Load, trait, and aging e□ects revealed by economic preference.' *PloS One* 8, no. 7 (2013): e68210.

McGuire, Joseph T. and M. Botvinick, Matthew. 'Prefrontal cortex, cognitive control, and the registration of decision costs.' *Proceedings of the National Academy of Sciences* 107, no. 17 (2010): 7922–7926.

Botvinick, Matthew M., Hu□stetler, Stacy and McGuire, Joseph T. 'E□ort discounting in human nucleus accumbens.' *Cognitive, A□ective, & Behavioral Neuroscience* 9, no. 1 (2009): 16–27.

Posner, M. I. and Snyder, C. R. R.'Attention and cognitive control.' In R. L. Solso (Ed.), *Information Processing and Cognition*. Hillsdale, N. J.: Erlbaum, 1975.

Stanovich, Keith E. and West, Richard F. 'Individual di□erences in reasoning: Implications for the rationality debate?' *Behavioral and Brain Sciences* 23, no. 5 (2000): 645–665.

Kahneman, Daniel.'Maps of bounded rationality: psychology for behavioural econom- ics.' *American Economic Review* 93, no. 5 (2003): 1449–1475.

Evans, Jonathan St BT. 'Dual-processing accounts of reasoning, judgment, and social cognition.' *Annu. Rev. Psychol.* 59 (2008): 255–278.

Frederick, Shane. 'Cognitive reflection and decision making.' *Journal of Economic Perspectives* 19, no. 4 (2005): 25–42.

Price, Joseph and Wolfers, Justin. 'Racial discrimination among NBA referees.' *The Quarterly Journal of Economics* 125, no. 4 (2010): 1859–1887.

Pope, Devin G., Price, Joseph and Wolfers, Justin. 'Awareness reduces racial bias.' *Management Science* 64, no. 11 (2018): 4988–4995.

Banuri, Sheheryar, Eckel, Catherine and Wilson, Rick K. 'Does cronyism pay? Costly ingroup favoritism in the lab.' *Economic Inquiry* 60, no. 3 (2022): 1092–1110.

Axt, Jordan R., Casola, Grace and Nosek, Brian A. 'Reducing social judgment biases may require identifying the potential source of bias.' *Personality and Social Psychology Bulletin* 45, no. 8 (2019): 1232–1251.

Fiske, Susan T. and Taylor, Shelley E. *Social Cognition*. McGraw-Hill Book Company, 1984.

第三章

群眾的智慧
——決策與動機

關鍵要點——見解二：我為什麼又這麼做了？動機。

一九〇六年，英格蘭普利茅斯：法蘭西斯・高爾頓（Francis Galton）正在參加西英格蘭家畜和家禽博覽會。高爾頓是一位通才。他已經是一位著名的統計學家，因發明相關性和心理統計學（測量心理能力的科學）的概念而受到讚譽。他還是狗哨的發明者，當時他用狗哨來測試聽力。幾乎在所有各個方面，高爾頓都接近於天才的思想。[1]

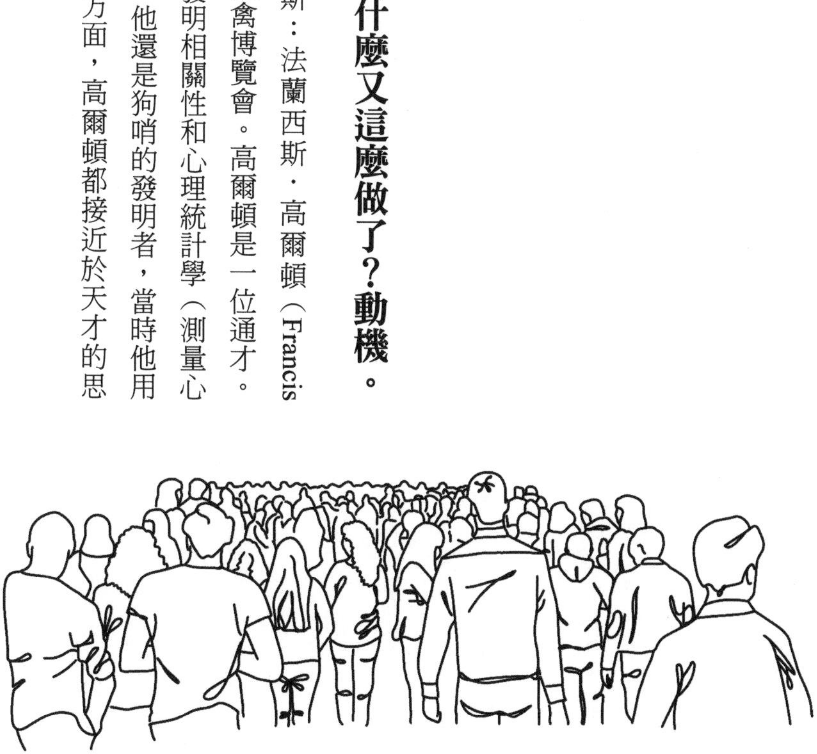

在這一天，高爾頓只是去了一個博覽會，但他碰巧遇到一個引起他興趣的比賽。在博覽會上，正舉辦一場重量評估比賽，比賽中會選出一頭肥牛，要求參賽者評估這頭牛被屠宰及加工後的重量。儘管參賽需要支付小額費用，但猜中的人將獲得獎品。高爾頓注意到，猜測都是由參與者個別寫在紙上提交的——意思是沒有人能看到其他人的猜測。此外，參賽成本使他們不會胡亂猜測。高爾頓可以看出，給出猜測的人都是專家：屠夫和農民，他們在判斷各種農場動物的重量方面具有豐富的經驗。[2]

高爾頓拿到了比賽結果，發現到一個驚人的事實（他稱之為「**Vox Populi**」或「群眾的智慧」）。當他將所有猜測依順序排列時，他發現中位數猜測（一千二百零七磅）僅比實際重量（一千一百九十八磅）偏離了九磅（百分之零點零八）。[3]雖然每個猜測都是不準確的，但中位數相當接近真實數值的這個事實表明，來自足夠大（並有適當動機）的專家樣本的所有資訊之總合能夠得出真相——即使在比賽進行時無人知道真相。

群眾的智慧表明，獨立群體的集體意見比單一專家的意見更接近事實。雖然高爾頓能夠以實證方式證明這種效應的存在，但這個想法可以追溯到亞里斯多德，他寫道：「儘管並非每個人都出色，但當他們聚集在一起時可能會做得更好，不是個人的，而是集體的。」[4]但你如何讓群眾提供他們的意見呢？

時間快轉到二〇〇一年九月，俄亥俄州立大學哲學博士拉里．桑格（**Larry Sanger**）在**Usenet**

上宣布：「維基百科萬歲」，標示著維基百科主流化的開始，維基百科本身誕生於二〇〇一年一月十五日。桑格受僱於吉米．威爾斯（Jimmy Wales），任職於Bomis，它被譽為是創立維基百科的公司。吉米．威爾斯創立了Bomis，旨在提供一個免費的同行審議百科全書（稱為Nupedia）。這是對擁有一套實體百科全書的高昂貴用的回應，威爾斯認為網路會使這些百科全書變得過時（在這一點上，他是對的）。[5]

然而，Nupedia遇到一個問題。桑格被聘雇來推動這個專案。但Nupedia進展困難。它有一個多步驟的編輯流程，這對於Nupedia的撰寫者（自願編寫者）來說很難使用，使得Nupedia的進展極為緩慢。後來在新的「維基」技術形式中找到了一個解決方案，這個技術允許網頁瀏覽器直接編輯頁面，使校對已發表的文章變得更加容易。桑格決定建立一個維基版本，但吉米．威爾斯對此表示反對，因為他意識到Nupedia的撰寫者會抵制維基版本。為了解決這個問題，維基百科被賦予了專屬的網頁，並於二〇〇一年一月十五日正式啟動。[6]

約瑟夫．雷格爾（Joseph Reagle）記載了許多人預測維基百科會失敗。但這個平台的成功是顯著的。這是網路世界的偉大奇蹟之一。二〇〇一年七月，桑格預測維基百科在七年內將擁有超過十萬篇文章（略多於實體紙本的百科全書）。到二〇〇七年九月，維基百科的文章已達到二百萬篇。這麼一個開源、自願驅使的平台的成長簡直令人難以置信。但這不僅僅是成長而已。就像高爾頓的肥牛一樣，群眾的智慧意謂著，隨著時間的推移，維基百科已經成為一個準確的資訊來源。但它百分之百準確嗎？不是的。但它比批評者想像的要準確得多。我們可以假設，隨著時間，愈來愈多的人參與在這個項目中，它將繼續趨近於事實。製作一本百科全書並不容易。問問微軟就知道了。他們全力投入的Encarta，就是一次代價高昂的失敗。[7]

那麼，維基百科是怎麼獲得這麼多撰稿人的呢？即便維基技術讓投稿變得更容易，但為什麼這麼多人決定投稿呢？有一些編輯是會得到報酬的，但絕大多數不是。批評者認定維基百科會失敗，因為沒有人認為自願者會願意無償貢獻出這麼多的時間和精力。但他們確實這麼做了，為什麼？

威廉・博伊特勒（William Beutler）寫道，「參與維基百科的每個人都對其內容感興趣。」[8]參與背後的一些動機是個人固有的（也就是說，它吸引到他們的個性和正義感，或他們得到了展現知識所帶來的自我提升）。因此，這些人中大多數並沒有得到金錢上的報酬，但他們是有獲得回報的。舊有的經濟理論無法預測這種協作行為。但維基百科作為一種分散式集體協作努力的紀念碑，是對於非金錢激勵的一種證明。

獎勵的科學

本章將深入探討獎勵的科學。我們將研究人們如何、以及為何付出努力，即使這麼做沒有物質上的利益。顯然，有很多時候，做某些事的回報是相當直接的——像是，他們可能會因此獲得報酬。這對我們來說很重要，因為往往，當你在生活中設定一個目標時，金錢獎勵可能是你最不關心的事。想學習一門新語言或精通吹小號？不太可能有人會付錢給你。事實上，如果你想吃得健康，你可能會發現，這比起每天靠焗豆和白麵包維生還要來得昂貴。那麼，當我們沒有得到報酬時，是什麼補償了我們的努力？

再次強調，要建立決策思維，並在長遠的過程中一次又一次地做出正確的選擇，理解所有這些科學脈絡是必要的。簡而言之，本章將重點放在三種不同類型的獎勵上，每種獎勵都有助於我們實現目標和願望：

- 心理獎勵——指內在激勵，來自內在的獎勵。關鍵、但不穩定。
- 社會獎勵——指社會激勵，來自他人的獎勵，包括競爭、回饋和支持的形式。有用、但可能不穩定。
- 物質獎勵——指外在激勵，來自我們提供給自己、或他人提供給我們的物質獎勵。有用、穩定，需要額外的資源。

聽起來不賴？讓我們開始吧！

動機的科學有其歷史。一個早期且廣為人知的例子是亞伯拉罕・馬斯洛在一九四三年提出的「需求層次理論」。這個理念是：人類有一系列基本的、心理的和自我實現的需求。這些需求遵循一個明確的層次結構。只有在基本需求得到滿足（吃飯、睡覺的需求、安全的需求）之後，心理需求才會變得明顯。[9]馬斯洛的需求層次研究對於組織考慮員工在簽訂合約時所做的權衡非常有幫助。例如，對工作有情感上滿足的需求固然很好，但比起薪資等等更基本的需求，它排在優先事項表單上比較後面的位置。

更進一步改良發展的，是阿特福（Alderfer）的ERG理論，這個理論採用了相同的理念，將類別分為三個主要類別：生存需求（與身心生存相關的需求）、關係需求（人際需求）和成長需求（實現和自我發展的需求）。這些需求以金字塔的形式呈現，就像馬斯洛的理論一樣。如果基本需求缺乏，將具有很高的激勵作用，但如果不缺乏，更高的需求就會介入。[10]為了激勵員工，組織必須確定所提供的工作滿足了哪些需求，並有相對應的獎勵結構。意思是，如果人們利用自己的工作來滿足生存需求，那麼獎勵就需要集中在薪資和職業發展上。但如果他們利用工作來滿足個人成長或人際需求，那麼良好的工作應該得到與家人共度的時光，或者以掌握一項技能的機會作為回報。

在第二章中，我們介紹了效用的概念。當我們做某件事時，會付出一定的努力，這會引起一些不愉快，然後必須透過某種形式的獎勵來平衡。拖著一個沉重的袋子上山，得到五百英鎊的報酬。從這樣的角度來看世界，獎勵會產生動機。證明這一點的簡單方法是：

- 如果回報大於付出，就會採取行動。
- 如果付出大於回報，就不會採取任何行動。

但在現實世界中，獎勵可能更為複雜。例如，他們可能會採取明顯的外部激勵動機，像是薪資。但也有內在激勵動機。如果完成那件事之後感覺會更快樂，人們可能會決定去做一項困難的任務。人們可能決定學習一門語言或吹小號，因為擅長某件事會帶來滿足感。我們加入運動俱樂部可能是因為我們想減肥，但我們之所以留下來是因為我們與俱樂部成員變成了朋友。

每個人的動機皆不同。這不僅僅是內在和外在的情況。這不僅僅是滿足需求的問題。心理學家理查·萊恩（Richard Ryan）和愛德華·迪西（Edward Deci）提出了一種更現代的動機理論，稱之為「自我決定理論」（SDT）。[11]這項研究已經廣泛涵蓋在大眾心理學書籍中，但通常只是相當粗淺的程度。根據SDT，動機可以大致分為三類：無動機、外在動機和內在動機。在外在動機的類別中，進一步的子類別是根據行為是如何被調節的——一個人如何堅持完成任務——來做區分。行為的調節可能來自個人外部，例如薪資。但也許更有趣的一點是，個人也可以自我激勵和獎勵。

驚人的是，不同類型的動機對我們的行為有著不同的影響。顯然，當我們試圖建立決策思維時，這種洞察力對我們來說非常有幫助。因此，SDT是心理學中的一項重要貢獻，不僅是因為它區分了動機的外在和內在力量，還因為它使我們能夠理解它們對我們行為的影響。

在心理學之外，經濟學對於同樣的動機問題提出一些略有不同的解釋。研究人員一向專注於財務激勵。但正如我們所見，努力既可以是身體上的，也可以是精神上的，因此，獎勵也可以是兩種形式。

為了更好地理解具體情況，我們將更仔細地研究三種主要類型的獎勵。它們分別是：物質（外在）獎勵、心理（內在）獎勵和社會獎勵。

物質（外在）獎勵

第一種、也是最基本的激勵形式是外在的。它們來自我們自身之外。經濟學家傾向於使用外在激勵的狹隘定義：金錢。

經濟學的研究核心是研究動機如何影響行為。在一九六〇年代和一九七〇年代，實驗室中進行了一系列經典的經濟實驗。[12]他們使用現金激勵來研究個人行為。由此得出的結論是，對某種行為施予經濟激勵會賦予其價值——對人的可衡量利益。現金獎勵之所以有效，有三個非常直接的原因。它們是「單一變化的」，意思是更多的獎勵比更少的獎勵更好，或者說十英鎊總是比五英鎊來得好。它們是「顯著的」，意思是它們是一種取決於行為的獎勵——當你完成當月工作時，你的薪水就會進來。如果你沒有出現在公司，你就會被解雇，也就代表沒有薪水。它們是「佔首位的」，意思是它們是你獲得獎勵的最重要方式——你寧願接受一個壞老闆和一份薪水，也不願意接受一個好老闆但什麼都沒有。[13]

這些實驗引發了經濟學領域的一場革命。研究人員開始測試各種主題中的激勵措施，但就我們的目的而言，我們將只專注在一個領域：勞動市場。勞動經濟學進行的第一次嚴格調查是所謂的「禮物交換」實驗。雇主需要公佈薪資，員工根據這些薪資選擇要為誰工作，以及要投入多少努力。對雇主來說薪資是昂貴的，而對員工來說努力是昂貴的。

這些實驗引人注目之處在於，它們開始說明為什麼雇主通常會提供高於特定工作預期的薪資。雇主提供較高的薪資是因為它們會吸引更好的員工：付出更多努力的員工。當薪資高於預期時，努力程度也高於預期。研究者將此解釋為雇主和員工之間正在交換「禮物」。如果一方提供了禮物，另一方就會予以回報。[14]或者，更簡單地說，善待人們會激勵他們更加努力工作。我們可以稱之為「胡蘿蔔」。

但這還不是故事的全部。有一根胡蘿蔔，但也有一根棍子。一項更近期的研究觀察了現實世界的情況。[15]實驗者付錢讓人們輪流在鍵盤上按a和b十分鐘。參與者每成功完成a和b交替即可獲得一分。有一些人得到了報酬，並獲知他們在任務中的得分不會以任何方式影響他們的報酬。在這種情況下，沒有金錢誘因使人付出額外的努力。在十分鐘內，參與者平均成功按了一千五百二十一次按鈕。這麼多的次數令許多經濟學家感到些許驚訝！他們本來可以只按a，接著按b，然後離開！

但其他參與者則獲得一份不同的合約。他們的報酬是根據得分而定。在實驗的一個版本中，參與者每得一百分，即可獲得一美分，在另一個版本中，參與者每得一百分，即可獲得四美分，最後一個版本是每得一百分，即可獲得十美分。這些條件都增加了努力成果，一美分的版本中，平均每個參與者按了二千零二十九次按鈕（增加了百分之三十三點四），四美分版本平均按了二千一百三十二次按鈕（增加了百分之四十點二），十美分版本平均按了二千一百七十五次按鈕（增加了百分之四十三）。然而，值得注意的是，雖然努力隨著報酬率的增加而增加，但努力的增加率並不等同於報酬的增加率。從每一百分獲得一美分增加到四美分（增加了百分之三百），努力程度僅增加了百分之六點八。從四美分增加到十美分（增加了百分之一百五十），努力程度僅增加了百分之二點八。增加報酬會增加努力，但增加幅度逐漸遞減，呈現出一種稱之為「報酬遞減」的現象。

意即，努力並不會隨著獎勵呈線性增長。你不能只是不斷地獎勵人們，並期望他們付出愈來愈多的努力。對你來說也是如此。你不能無止盡地獎勵或懲罰自己來施加更多的努力。慶幸的是，胡蘿蔔和棍子並不是唯一的激勵方法。

心理（內在）獎勵

SDT對內在動機的定義是狹隘的：它專注於我們對於任務本身的動機。但你可能出於什麼原因而進行這件事呢？因為，喜歡跑步而開始跑步是一回事，但出於想為一個你非常珍重的慈善機構募款而開始跑步則完全是另一回事。因此，科學家將這個概念擴展至同時還包括了努力的產出，即使命或目標。

作為一名學者，這是我研究的重點領域。連同我的共同研究者一起，我們進行了一項實驗來測試基於使命的動機。我們與印尼的一群大學生合作。他們被要求執行一項簡單但乏味的任務。但，我們並沒有支付報酬，而是告訴學生們，對於他們所付出的每份努力成果，我們會捐贈一定數額的款項給印尼紅十字會（這是印尼一個著名的慈善機構）。[16]我們還衡量了學生對慈善機構的自願捐款。或許，不出所料，我們發現那些自願捐款的學生與他們在得知慈善機構將從中受益時為這項任務付出的努力之間存在著正向關係。換句話說，當任務背後有著與他們價值觀相符的目的時，執行任務會變得更容易。

我們也測試了基於任務的動機。我們與布吉納法索的醫療工作者進行了一項實驗。我們相信，工作人員更有可能在他們喜歡的任務上努力，對於醫療工作者來說，這往往涉及診斷和治療患者。另一方面，我們也相信，人們不喜歡做的任務，他們不太可能努力去做——例如，對我們的醫護人員來說，是毫無意義的行政工作（全世界醫療專業人員的難題）。我們將醫療工作者隨機分配到三個條件中之一。[17]在第一個條件中，我們強迫他們坐下來盯著一個空白螢幕。我知道，這很殘忍。在第二個條件中，我們讓他們在螢幕上移動滑標。在第三個條件中，我們讓他們診斷和治療電腦化的醫療案例。我們發現，相對於無動機的任務（黑色螢幕和滑標），當任務具有內在動機時，參與者付出的努力幾乎是前者的三倍。

以上提出的例子中，使命是有利於社會的，意思是說，努力正在產生某種公共利益。但事實並非全然如此。努力可以是對你有其意義，但對更廣泛的社會來說沒有影響。兩項實驗表明，使命不一定要改善社會或福祉才能具有激勵作用。它只需要達到某種目的。它甚至不必是一個特別有用的目的！

在一個特別有趣的實驗中，研究人員要求參與者組裝樂高積木套組以獲得報酬。他們將參與者分成兩組，每組根據他們組裝的套組數量獲得報酬。然而，有一組人會看到他們組裝好的每一套組在他們面前被拆除，而另一組人則看到套組保持完好無損。這個實驗模擬了目標。第一組的努力並沒有任何目標；它就在他們面前被拆掉。第二組的努力有了目標，因為套組被保持完好。研究人員報告，在沒有目標的情況下，參與者平均組裝了七點二套樂高積木；而在有目標的情況下，參與者平均組裝了十點六組——增加了百分之四十七點二。[18]就像我說的，它不一定非得是一個有用的目的。任何類型的目的似乎都有效。

在我近期的一些研究中，我和我的共同研究者要求參與者解碼一個有固定報酬的五字元單字。這是一項他們可以得到報酬的無意義任務。同時，我們讓另一組人解決相同的難題，但這麼做是要填補一個短篇小說的空白，因此賦予了任務一些目的。我們驚訝地發現，為任務增添目的——即使是閱讀短篇小說這種相對薄弱的目的——也幾乎使參與者願意投入雙倍的努力。[19]簡而言之，無論任務是否具有利於社會的目的，個人都會透過增加努力程度來回應這種動機來源。

所有這一切都表明來自內在的動機是至關重要的。你並不總是需要一些外在因素，像是報酬或獎勵來激勵自己。物質獎勵在與心理獎勵相結合時是有用的，但心理獎勵是你最主要的獎勵機制。證明了這是建立我們決策思維的一個重要因素。

社會獎勵

第三種，也是最後一種類別是社會動機。這是由其他人所扮演的角色，讓你付出一些努力。

其他人可以透過各種方式來扮演這個角色。或許有一些社會規範會激勵我們——例如，我們不想以某種方式被看待。有社會的認同和不認同——我們可能做某些事是因為這會讓別人對我們有好印象。甚至還有競爭——田徑世界紀錄大多在比賽中、而不是在訓練中被打破，這是有其原因的：在與他人競技中的跑、投擲或跳躍會激發運動員達到新的高度。

我和我的共同研究者在實驗中加上了競爭，以研究競爭對動機的影響。我們在我之前描述的電腦解碼任務中這麼做了。在一個條件下，參與者不會獲得額外的獎勵。但在第二項程序中，參與者的努力會與其他同行在一個「排行榜」上進行衡量比較。現在看來，這場競爭已經沒什麼意義了。獲勝者不會獲得任何額外的財務獎勵。他們只是贏得了炫耀的權利。在那完全毫無意義的解碼技能方面炫耀的權利。此外，這個炫耀的權利無法對任何人提及（參與者之間不允許交流或討論）。儘管如此，結果顯示，即使金錢上的激勵是相同的，但排行榜的存在會引發更多的努力。列在排行榜上的個人產出相較於基準線增加了百分之五十六點八。[20]而不出所料的是，這種效應在表現出高競爭程度的人中最為明顯。並不是每個人都能很好地應對競爭環境，就如同不是每個人都能在有利於社會的事業中找到目標和意義一樣。

就像有些人的動機是幫助慈善事業，其他人的動機是因為他們喜歡贏。就我們的目的而言，在許多不同類型的獎勵中加入層次，可以讓你在關鍵時刻付出努力，並取得最佳機會。

對你來說這意謂著什麼？

人類受到多種因素的激勵。我根據迪西和萊恩的「自我決定理論」提供了一個廣泛的分類。當你思考如何抵銷努力成本時，了解和考慮這些類別是很重要的。各種類型的獎勵都可能是強大的：即使是維基百科的創始人也難以預料，在缺乏金錢激勵的情況下，貢獻者所產生出的內容量如此之龐大。這些動機來源提供了個人用來抵銷成本的獎勵。在後面的章節中，我們將學習如何為實現目標和願望的行動建構出不同的獎勵。

這三種形式的動機是極其重要的。如果在每個決定中，沒有至少一種動機在驅動你，長遠看來，你將無法做到你想做的事情。我們將會在本書的第二部分和第三部分中更深入探討這一點，而現在值得思考的是，當你努力實現你想要的生活時，你能夠如何利用這三種形式的動機。請記住：

物質（外在）獎勵是粗糙的，但非常有用並且直接。如果你想給自己一份物質獎勵，那就尋找一種犒賞自己的方式。不一定是金錢，你可以用一部電影或甚至是休息一天來獎勵自己每週的運動訓練！

心理（內在）獎勵更加微妙，關鍵但不可靠。我們需要它的存在，但也需要維持。它們關乎於讓你正在做的事情充滿意義或讓它變得有趣。如果你想要健身，但討厭跑步，請不要強迫自己報名馬拉松！做一些你喜歡的事情。為了進一步激勵自己，請將這件事與一些更深層次的目標聯繫起來——讓你的健康目標與為慈善機構募款的目標相一致，或者激勵你的伴侶及孩子也健康地生活。

社會獎勵極其重要。我們利用他人的表現來提升自己的表現。繼續以我們健身的主題來說，加入一個俱樂部或團體，並保有競爭力！

動機和獎勵的好處在於它們不是固定的——你可以做一些事情來加以改變。在數週、數個月甚至數年的過程中，有時這可能指的是做一些事情來增加你的物質獎勵，有時這可能指的是做一些事情來增加社會獎勵。但是，當動機不足時，你幾乎總是可以找到其他方法。請記住，**見解#2：我為什麼又這麼做了**？這個問題的答案可能很簡單，像是「因為如果我這麼做了，我就會得到報酬」，也可能很複雜，像是「為了讓我的孩子們知道我有多愛他們」。無論如何，重要的是要有一個答案來激勵自己。

在本書的第二部分（路線圖）中，我們將看看如何規劃這個過程，但就現在而言，正如上一段一樣，先讓自己掌握這些想法，更加自覺，即將開始這個過程。

人民的百科全書

早在二〇〇〇年代初期，對於維基百科試驗的安全預測是注定失敗的。然而，現在我們卻在這裡。正如我寫於二〇二三年時那樣，單單就英文這個語言中，維基百科就有大約六百五十萬篇條目。它曾面臨著無數挑戰，但它仍屹立不搖，仍持續增加，仍在進步。沒有任何外在動機來幫助維基百科的發展——幾乎沒有人得到報酬，沒有人變得富有。這指的是內在因素必須發揮主導作用。人們希望並喜歡為他們所相信的偉大計劃貢獻自己的知識。他們也受到社會動機的鼓舞。當不同的使用者競相展示誰對某個主題的知識最豐富時，他們的自尊受到激發、得到讚美，或者被激怒。隨著時間的推移，緩慢但肯定地，條目的品質和數量也逐漸提高。

對於經濟學家和心理學家來說，經典的激勵手段是財務激勵。財務獎勵補償了我們的努力成本，於是我們工作是為了換取金錢。金錢帶來快樂，工作帶來痛苦。拖著沉重的袋子爬上山，就可以得到五百英鎊。但這個故事過於簡單了。看看維基百科的例子，想想我們在本章中所學到的一切，很明顯的，心理因素會帶來快樂——包括工作本身。想必很多人編輯維基百科文章是因為……他們喜歡這麼做。其他人編輯文章是因為他們相信這個計劃——他們所做的貢獻是放置在公共知識巨牆上的一塊磚。其他人可能用它來釋放美德信號：當他們週一早上去上班時，他們告訴每個願意聽的人，他們整個週末都在編輯維基百科上的文章。其他人可能悄悄地修正歷史錯誤，認為講述過去暴行的真實故事是一種正義之舉。

這裡包含了一個對我們的目的來說十分重要的課題。從外部來看，維基百科計劃似乎是一項不可能的任務。免費從頭開始製作一本準確的百科全書。你可能會認為這是不可能完成的（許多人確實這麼想）。然而，當適當的動機被激發時，即使是這麼一個看似不可能的任務，也是可以克服的。

小方塊：輪到你了！

作業＃3

對於這項作業，我希望你再次審視自己的願望，但這次思考一下目前適用於它們的不同類型的動機。更深入地思考一下你的動機。你可以檢查你在第一章的作業＃1寫的內容。我希望你接下來要做的是，想一想你在實現每個願望時希望獲得的三種類型的獎勵。

目前無需考慮這些是否實際，你要關注的主要問題是這三個領域中每個領域的感知獎勵。

願望一：

它將如何改變你的生活（來自第一章）？

外在獎勵：

內在獎勵：

社會獎勵：

願望二：

它將如何改變你的生活（來自第一章）？

外在獎勵：

內在獎勵：

社會獎勵：

願望三：

它將如何改變你的生活（來自第一章）？

外在獎勵：

內在獎勵：

社會獎勵：

參考資料：

Brookes, Martin. *Extreme Measures: The Dark Visions and Bright Ideas of Francis Galton*. Bloomsbury Publishing PLC, 2004.

Galton, Francis.'Vox populi (the wisdom of crowds).' *Nature* 75, no. 7 (1907): 450–451. Herzog, Stefan M. and Hertwig, Ralph. 'Harnessing the wisdom of the inner crowd.' *Trends in Cognitive Sciences* 18, no. 10 (2014): 504–506.

Landemore, Hélène and Elster, Jon, eds. *Collective Wisdom: Principles and Mechanisms*. Cambridge University Press, 2012.

Reagle, Joseph M. Jr. *Wikipedia @ 20: Stories of an Incomplete Revolution*. MIT Press, 2020. Maslow, A. H. 'A theory of human motivation.' *Psychological Review* 50, no. 4 (1943): 370–396.

McLeod, Saul. 'Maslow's hierarchy of needs.' *Simply Psychology* 1, no. 1–18 (2007).

Alder, G. S. 'Employee reaction to electronic performance monitoring: A consequence of organizational culture.' *Journal of High Technology Management Research* 17, no. 6 (2001): 323–327.

Deci, Edward L., Olafsen, Anja H. and Ryan, Richard M.'Self-determination theory in work organizations: The state of a science.' *Annual Review of Organizational Psychology and Organizational Behavior* 4 (2017): 19–43.

Smith, Vernon L. 'An experimental study of competitive market behavior.' *Journal of Political Economy* 70, no. 2 (1962): 111–137.

Smith, Vernon L. 'Experimental economics: Induced value theory.' *The American Economic Review* 66, no. 2 (1976): 274–279.

Fehr, Ernst, Kirchsteiger, Georg and Riedl, Arno. 'Gift exchange and reciprocity in competitive experimental markets.' *European Economic Review* 42, no. 1 (1998): 1–34.

DellaVigna, Stefano and Pope, Devin. 'What motivates e□ort? Evidence and expert forecasts.' *The Review of Economic Studies* 85, no. 2 (2018): 1029–1069.

Banuri, Sheheryar, and Keefer, Philip. 'Pro-social motivation, e□ort and the call to public service.' *European Economic Review* 83 (2016): 139–164.

Banuri, Sheheryar, Keefer, Philip and De Walque, Damien. 'Love the job... or the patient? Task vs. mission-based motivations in health care.' Policy Research Working Papers (2018).

Ariely, Dan, Kamenica, Emir and Prelec, Dražen. 'Man's search for meaning: The case of legos.' *Journal of Economic Behavior & Organization* 67, no. 3–4 (2008): 671–677.

Banuri, Sheheryar, Dankova, Katarína and Keefer, Philip. *It's Not All Fun and Games: Feedback, Task Motivation, and E□ort* (No. 17–10). School of Economics, University of East Anglia, Norwich, UK, 2017.

第四章
願意等待的人是有福的
——決策與時機

關鍵要點——見解三：我們何時想要？現在！

瑪麗・居禮（Marie Curie）於一九〇三年獲得諾貝爾物理學獎。但第一位獲得諾貝爾經濟學獎的女性卻是在一百多年後的二〇〇九年：伊莉諾・「玲」・歐斯壯（Elinore 'Lin' Ostrom）教授，她是一位傑出的女性。歐斯壯調查了社會如何共享「公地」——水、土地和能源等資源。當她開始研究時，學者們認為我們面臨著「共有財悲劇」

（tragedy of the commons）——如果沒有明顯的方法來監督集體資源的使用，集體資源將無可避免地被耗盡。歐斯壯向我們證明了為什麼這不是真的。

「共有財悲劇」是指個人將自身利益置於群體利益之上。最著名的例子是描述一群放牧的人在「共有地」上放牧他們的牲畜。從每個牧民的角度來看，增加牧群的規模是合情合理的。如果你有更多的牛，你便有更多你能夠出售的肉類、牛奶或皮革。但如果所有牧民都這麼做，他們就會破壞共有地，因為它只能負載這麼多的動物。「悲劇」在於，個人以理性、自利的方式行事，長遠來看將會毀掉所有人的利益。人們將短期利潤置於共同的長期目標之上。[1]

但歐斯壯的研究推翻了這個想法。她證明，在現實世界中，人們透過合作、溝通和信任來解決問題。他們的行為並非純粹出於自身利益；他們找到了管理共有財的方法。[2]

正是這項研究讓她贏得諾貝爾獎。但，就我們的目的而言，歐斯壯的歷程同樣引人入勝。她的耐心和韌性使她獲得了學術界的最高榮譽。我們對這裡所謂的耐心和韌性也很感興趣。

歐斯壯於一九三三年出生於加州洛杉磯。她的父母在她很小的時候就分開了，她的母親獨自撫養她長大。也就是說，雖然她並非在貧困中長大，但她的生活也並不算寬裕。她就讀於富裕且享有成就的比佛利山莊高中，但卻是「富家子弟學校裡的窮小孩」。不過，這對於她後來的職業生涯來說是一個極其重要的因素，因為比佛利山莊的高中生差不多有百分之九十的人都上了大學。歐斯壯就是其中之一。她就讀於加州大學洛杉磯分校（UCLA），藉著在書店和圖書館工作來支付學費。[3]

在那個年代，女性受到的待遇與男性截然不同。在數學研究中明顯存在著對女性的歧視。女性若沒有在代數和幾何學科中取得頂尖成績是不允許修讀三角學課程的。歐斯壯雖然是一位優秀的數學家，但她在數學知識方面有些落後——這代表她無法學習經濟學。在加州大學洛杉磯分校，她主修政治學，並於一九五四年以優異的成績畢業。[4]

畢業後，歐斯壯開始找工作。當時受過教育的女性主要有兩種角色：中小學老師或秘書。為此，雇主要求她提供關於打字和速記能力的相關資訊。她都沒有——她在大學裡沒有學過速記或打字。但歐斯壯堅持不放棄：她透過函授課程學習速記，只為了在公司獲得第一個職位。她進入一家從未聘請過女性擔任除了秘書之外任何職位的公司。儘管環境艱難，但在公司任職一年後，她被晉升為管理職。

大約在這個時候，歐斯壯開始想要在加州大學洛杉磯分校攻讀經濟學博士學位。然而，她再次感到挫敗，由於她在高中時所受到的歧視，她沒有取得必要的數學課程。她申請了政治科學系，並在那裡完成了學士學位。當時，該科系不太願意招收女性，因為教員認為女性獲得博士學位後也只能在市立學院找到工作——這對致力於建立良好聲譽的系所來說並不是一個好的形象。即便如此，在教員之間進行了多次激烈的討論後，他們錄取了四名女性（一班有四十人），歐斯壯正是其中之一。

歐斯壯在一九六五年完成了她的博士論文並獲得了博士學位。她研究了南加州的水利產業，與她（後來的）丈夫文森．歐斯壯一同合作，當時他是一名副教授。然而，在畢業後，她又陷入了困境。正如教員所預測的那樣，有名望的大學不太願意聘任女性。文森（她現在的丈夫）獲得了一份成為印第安納大學專任教授的聘書，歐斯壯也決定一起去。在印第安納大學，他們提供給她一份客座助理教授的職位——他們需要有人教授一門關於美國政府的課程。一年後，他們提供了一個研究生指導教授的職位給她。歐斯壯勉強獲得了一個終生教職。[5]

在印第安納州，歐斯壯重新回到了公地問題的研究。她四處旅行並進行大量的田野調查——經常參加當地的議會會議，討論公地類型的問題。她進行多次的研究之旅，其中一次她去到一個發展中國家的小農村。在那裡，歐斯壯留意到一頭孤獨的牛，站在一小塊田野中，四周環繞著鐵絲網。這很詭異。為什麼要把牠與牛群隔開？為什麼要把牠關在這麼小的圈地裡？

她詢問了村民這頭牛的狀況。當地農民告訴她，這頭牛已經被安置在……「牛監獄」。[6]任何違反公地規則的村民——取水過多、在不該放牧的地方放牧牛隻——他們的牛都會被關進牛監獄。在牛監獄裡，除了違規的村民，村裡的任何人都可以擠牛奶。歐斯壯意識到，這是一種量身定制的懲罰，對於這個社區來說是有意義的，他們樂於實施並執行以解決公地問題。這也突顯了當公地資源像福利國家一樣龐大且模糊時，中央政府要制定出解決公地資源問題的解決方案是多麼困難。儘管如此，歐斯壯表明了「共有財悲劇」並非不可避免，這改變了我們生活的世界軌跡。[7]

這是一個驚人的見解，而且完全違背了當時的正統理論。歐斯壯在一個競爭激烈的領域工作——她並不是唯一一位研究公地問題的優秀研究人員。但為什麼她的見解與她的同事們截然相反？[8]為什麼，當他們有著類似或更好的許可層級時，他們主張的見解卻恰恰相反？

除了她的聰明才智（對任何與她互動過的人來說這是不言而喻的）之外，歐斯壯還擁有一項關鍵技能，這是她那時代的大多數男性同儕所缺乏的。其他研究人員在會議上，他們聽著、他們吸收著，他們做筆記。然後他們會回顧這些筆記以及對會議的記憶，並寫下他們的發現。但歐斯壯在多年前獲得了秘書職位時就接受過速記訓練。[9]她不需要回憶會議內容——這種回憶過程極易受偏見影響。由於她的速記技能，歐斯壯可以記下整個會議記錄。當其他人從會議回來時只能理解剛剛所討論的內容時，歐斯壯則是已經帶著確切的資訊回來了！

歐斯壯的故事深具啟發性有兩個原因。儘管她光是在踏入她的領域時就經歷到相當大的歧視；儘管這份敵意似乎隨著她躋身進入學術界而變得更加劇烈；儘管她因性別而面臨著無止盡的挑戰，伊莉諾・歐斯壯還是成功地成為二十世紀最重要的經濟學家之一。正是這同一項專業，既在年輕時拒絕了她，也在五十年後贈予了她至高的榮譽。她的故事是堅韌的典範。她從不氣餒。無論遇到什麼困難，她都能克服。

如果要用一個詞來形容伊莉諾・歐斯壯，那就是：韌性。[10]

耐心和現時偏誤

這一章我們要探討的問題是：我們如何應對反覆出現的逆境？當宇宙似乎在告訴我們放棄時，我們如何忽略這些信號並繼續向前進？最終，我們如何學會堅持到底？以及，這在培養決策思維中扮演著什麼角色？我們如何發展出伊莉諾．歐斯壯那般的韌性？我們如何學會要有耐心？

為了回答這些問題，首先我們必須弄清楚什麼是耐心，以及像伊莉諾．歐斯壯這樣的人如何培養耐心。

在一篇關於自我控制主題的開創性論文中，研究人員寫道，嬰兒「完全受快樂原則的支配，要求立即得到滿足」。[11]任何幼兒的父母都知道這是真的，他們在孩子哭喊著對於愛、食物或換尿布的強烈需求中確切體驗到了這一點。隨著時間的推移，當孩子長大成人，他們學會了自我控制。他們學會延遲立即獎勵以換取未來（通常是更大的）獎勵。

然而，每個人的自我控制能力在程度上存在著相當大的差異。有些人似乎總是能夠延遲獎勵，而有些人幾乎從不這麼做。此外，個人對自我控制的運用也各不相同，有些人能夠在多個領域和決策中做到這一點，而有些人只能在某些領域中做到這一點，但在其他領域則無法。例如，一個人可能在工作時間中始終能夠保持軍事般的紀律，但在碰到冰淇淋的時候卻會變成一個受快樂原則支配的小嬰孩。

那些能夠抑制自己幼稚傾向的人比那些不能抑制的人更成功，這似乎是不言而喻的。但是，是否有數據資料來支持這一點呢？沃爾特．米歇爾（Walter Mischel）和其他人研究關於延宕滿足的經典實驗似乎證明了這一點。年幼的孩子（通常是學齡前兒童）被要求在較小的立即獎勵和在延遲時間後的較大獎勵之間進行選擇。這些獎勵通常是孩子們看重的東西，最著名的是放在他們面前的棉花糖——因此米歇爾的暢銷書書名正是《棉花糖測試》（*The Marshmallow Test*，台版書名《忍耐力》）。延遲可能很長（一週）或很短（十分鐘）。[12]

這個例子提供了一種衡量延宕滿足的簡單方法：那些接受較小的立即獎勵的人很難延宕滿足。後續研究表明，喜歡延遲獎勵的孩子表現出更高的智力，更有可能在其他領域中延宕滿足，並且表現出更多幫助他人的傾向。

整體來說，研究報告指出，隨著年齡的增長，那些能夠延宕滿足的孩子會經歷更好的生活。[13]意志力似乎確實是生活的靈丹妙藥之一——如果你能延宕滿足，並堅持做你不特別想做的事堅持得更久，你很有可能會比那些苦苦掙扎的同儕更快樂、更成功。顯然，延宕滿足的能力是一項需要培養的基本技能。

我們延宕滿足的能力被廣泛地定義為「耐心」。年幼的孩子表現出各式各樣的耐心——有些孩子非常有耐心，願意等待，而有些孩子……則非如此。但是，如果孩子的耐心程度展現出這種多樣性，那麼對於「耐心」本身，這代表什麼？這是與生俱來的東西嗎？還是我們可以習得的東西？什麼是耐心的心理？

如果這是我們習得的東西，那麼它將成為我們努力建立決策思維的重要工具。耐心的研究不僅僅涉及兒童和青少年，同時也涉及了成年人的耐心。一項關於延遲財務獎勵的研究結果顯示，耐心與較低的體重指數、較低的吸菸可能性和較高的運動程度密切相關。[14]一項研究清楚表明，耐心有助於我們設定目標並堅持下去。在試圖理解不同類型的耐心時，研究人員將訓練耐心的領域分為人際關係、生活困境和日常煩惱。這裡的耐心可以理解成一種人格特質，被定義為個人在「面對挫折、逆境或痛苦時，能夠冷靜等待」的可能性。研究者將受試者在實驗室中的耐心程度與自我報告的目標追求衡量指標進行了相關分析，發現耐心高的人在追求目標時會付出更多的努力，並且在實現目標時有更高的滿意度。[15]

根據我們上一章所學到的，這意謂著那些更有耐心的人在實現目標時所獲得的內在獎勵更高——這是雙重打擊。總之，結果證明，具有較高耐心的人更有可能付出努力實現目標，這可能是由實現目標的更高感知獎勵所驅使的。顯然，有耐心的人更有可能培養決策思維。他們甚至可能在沒有讀過這本書的情況下就擁有了這種思維，這是環境和遺傳因素的共同交織而成的禮物。可惜的是，大多數人都不太有耐心。我們需要學會有耐心。我們能做到嗎？

這項研究的發起人繼續報告了一項旨在增加耐心的干預措施研究結果。這項干預措施旨在幫助參與者提高他們的耐心程度，就像進行引導式冥想一樣。[16]這對我們的計劃至關重要，但也存在著爭議。一些研究人員認為，耐心是一種人格特質——它是固定的、天生的、無法改變的。那些能夠抗拒美味棉花糖的學齡前兒童將持續比那些不能抗拒的同儕更有耐心。但那可能不是故事的全部。科學結果是充滿希望的，但仍處於早期階段。它們顯示，在干預後的立即影響下，耐心程度會提升；至少有一些證據顯示你可以培養耐心。

無論是在實驗室還是在真實現場，耐心的衡量都與衝動行為有關。其他研究表明，耐心與信用卡貸款、理財素養、抽菸、飲酒和營養狀況有所關聯。[17]

但是，如果你覺得自己耐心不足，還是可以懷抱希望的。有證據顯示，耐心是一種可塑的特質——某些干預措施，像是冥想和認知行為療法，可以幫助你提升耐心程度。[18]而保持耐心的簡單練習，對於我們所有人在生命中的各個時期都是必要的，假如，增進耐心是可能的話。

所以，請記住，耐心確實是一種美德。

等待的遊戲

經濟學家也研究了延宕滿足的問題。他們透過自己的實驗表明，我們對未來的獎勵做了折扣，讓它們更容易與立即獎勵相比較。如果折扣因子愈高，未來的獎勵就愈小。他們的實驗非常類似於米歇爾的棉花糖測試：他們要求參與者在立即的小金額和未來的大金額之間進行選擇。實驗要求參與者做出多次選擇，每次選擇都會改變未來獎勵的大小。這構成了「時間偏好」的衡量標準。或者，更簡單地說，它以數字顯示出我們的「耐心」實際在哪裡。[19]

這些實驗得出了非常有趣的結果。我們可以合理地假設我們始終會對未來的獎勵打折扣。舉一個簡單的例子，假設有人今天給你五十英鎊，或者是明天給你五十一英鎊。你很有可能（像我和大多數其他人一樣）會選擇當下的五十英鎊。現在，試想一下以下情況：有人在一年後給你五十英鎊，或者在一年又一天後給你五十一英鎊。當你面對這種情況，你很有可能會選擇五十一英鎊。在這兩種情況下，你都會在隔一天得到五十一英鎊。但為什麼思維會不同呢？

以下是另一個例子：想像一下，有人讓你選擇是在四週內完成七小時的體力勞動，還是在六週內完成八小時的體力勞動。大多數人會選擇在四週內從事七小時的工作。然而，如果讓你選擇要在今天做七小時的辛勞工作，還是在四週內做八小時的辛勞工作時，數據表明，大多數人會選擇後者，也就是在未來一個月內的勞動。[20]

這到底是怎麼回事？我們可以清楚地看到這些不是合乎邏輯的決定，但對我們來說，這感覺很熟悉。這種現象被廣泛地稱為現時偏誤（present bias）：傾向於為「現在」，或短期內賦予更大的價值。切入正題，這代表自我控制是困難的。如果我們更重視現在而不是未來，那麼，顯然我們將很難延宕滿足。「一鳥在手，勝於二鳥在林」，這是刻在人類心靈最深處的諺語。

因此，證據表明，我們更傾向於立即獲得較小的獎勵，而不是等待更長時間而得到更大的獎勵——就像沃爾特．米歇爾的幼兒們撲向他們眼前的棉花糖一樣。但我們的現時偏誤可能會根據我們正在做的事情而有所改變。一項實驗要求參與者選擇何時做工作——現在還是未來。參與者可以改變他們的計劃，將工作從現在轉移到未來，或將工作從未來轉移到現在。研究人員發現，在得到這個選擇後，參與者傾向於將工作從現在轉移到未來，而不是從未來轉移到現在。為什麼今天要做的事情可以等到明天呢？顯然，這表明了一種強烈的現時偏誤。但是，當他們考量金錢獎勵而進行類似的任務時，研究人員發現到現時偏誤的證據較少，這表示，相較於金錢決策，個人在做出努力決策時，往往更傾向於現時偏誤。[21]

這種個人在不同領域表現出不同程度的現時偏誤的觀點，引起了經濟學家的極大興趣。研究表明，人們對金錢獎勵比對食物、酒精、巧克力、汽水，以及及其他基本必需品（像是糖或牛肉）展現出更多的耐心。[22]這可能是因為金錢獎勵比必需品和努力更容易量化，而必需品和努力更難轉換成快樂和痛苦的單位。十英鎊就是十英鎊。但一根巧克力棒的價值是多少？是它本身的價格嗎？還是它帶給你的感受？

所有這些告訴我們的是，我們對所從事活動的成本和收益的感知會影響我們的決策，而時間是我們調整這些感知的一種方式。我們將在第五章中探討這些感知問題，但就目前而言，在思考如何建立決策思維時，重要的是要了解我們對當下存在偏見，這在某些領域（例如，食物）比在其他領域（例如，金錢）表現得更明顯。此外，在個體之間，他們延遲當下獎勵以獲得未來獎勵的能力有著相當大的差異。

耐心與決策思維

耐心是那些「在面對挫折、逆境或痛苦時，能夠冷靜等待」的人的美德。它是為了日後某個時間點獲得更大獎勵而延遲立即滿足的行為，而這些獎勵，不同於在實驗室的實驗中，它們在現實生活中可能永遠不會到來。耐心因人、也因人的內在而異：你可能在生活中的某個領域是有耐心的，但在另一個領域則不然。我們已經了解到，耐心是一場艱難的爭鬥——我們傾向於現時偏誤，更喜歡立即的小獎勵，而不是日後的大獎勵。

關於這本書所要傳遞的訊息，也關於設定目標並堅持下去這件事而言，我們需要內化這樣一個想法：我們的未來可能會受到（而且往往會）我們傾向於偏好提早獎勵的影響。沒有耐心與一系列不良行為有關，像是不健康的飲食、抽菸和酗酒、賭博和其他種類的衝動行為。如果你是因為想要開始創業而拿起這本書，那麼很顯然地，大量酗酒會分散你對這個目標的注意力。但這個原則同樣以更微妙的方式在起作用。事實是，你今天所做的事情會對你一年、兩年或五年後的生活產生巨大影響。只是現在感覺不太出來。

在第三部分中，我們將討論決策框架，但現在，重要的是你要先粗略理解，你的大腦會欺騙你，讓你相信你即將獲得的任何獎勵都比你未來可能獲得的獎勵來得更有價值。這就是在我們眼前的挑戰：抵抗！

雖然我們稍後會更詳細地處理這個問題，但值得注意的是，有一些方法可以有所幫助。承認和理解問題是邁向正確方向的最大一步。這麼做可以幫助我們在過程之外設計誘因，或者建立我們能稱之為正向誘惑的因素。事實是，我們都是沒有耐心的，最好的方式是與之共處，而不是抵抗它。

回到歐斯壯

現在我們更加了解耐心和現時偏誤，歐斯壯那異乎尋常地韌性及成功或許也就不足為奇了。在歐斯壯的職業生涯初期，她面臨到決策問題。在得知自己無法參與高等數學課程，因為沒有獲得高分的女性是不被允許的，她只能轉向行政途徑。然而，她的秘書工作又被否決，因為她沒有學過打字或速記。然後，在公司證明了自己的價值後，她又因性別而無法擔任管理職位。她被拒絕就讀經濟學課程，因為她沒有足夠的技術技能——同樣是由於性別歧視。她幾乎就要被拒絕申請就讀政治學博士課程，因為學校人員不確定她畢業後是否能找到工作。他們的擔心並非毫無根據；她確實在找工作時遇到了麻煩，再一次是因為歧視，她幾乎沒能作為博士後進入大學以便繼續進行研究。

但她克服了。歐斯壯不僅完成了所有這些事，她還是第一位獲得諾貝爾經濟學獎的女性，也是第一位獲得諾貝爾獎的政治學家。在她職業生涯中的許多（許多）時刻，她都超越了人們的期望，實現了大多數人夢寐以求的事情。在她的自傳中，她強調了在職業生涯初期獲得管理職位的影響。她學會了「不要將最初的拒絕視為阻礙前進的永久障礙」。無論我們多麼有韌性，我們當中很少有人能像伊莉諾・歐斯壯那樣，在她精彩的人生和事業中取得成就。但我們都可以從她的故事中得到啟發。我們都可以學習「不要將最初的拒絕視為阻礙前進的永久障礙」。

我們差不多準備好要開始討論建立決策思維的路線圖了，但首先，我們需要理解一個更進一步的行為見解／科學難題：我們的感知。

小方塊：輪到你了！

作業＃4

在這個任務中，讓我們進一步拆解你的願望。首先，我希望你想一個能夠實現你願望的決定，某個你可能想到有助於實現你願望的決定。例如，如果你的願望是存錢，想一想你可能會面臨到的情況，這個情況會決定你省錢與否（像是買一杯咖啡，或買一雙你可能並不真正需要的鞋子）。為每個願望想一個單一決定（或盡可能地多想）。

接下來，我希望你想像一個極度有耐心的人，一個總是可以不斷地延宕獎勵的人。他會怎麼做？

然後，想像一個極度沒有耐心的人，一個總是把立即獎勵放在第一位的人。他會怎麼做？

最後，誠實地想一下你會怎麼做。在面對相同的抉擇時，你通常會怎麼做？你比較接近沒有耐心的人？還是比較接近有耐心的人？

願望一：

形容這個決定：

一個極度**有耐心**的人面對這個決定時會怎麼做？

一個極度**沒有耐心**的人面對這個決定時會怎麼做？

在面對這個決定時，你通常會怎麼做？

願望二：

形容這個決定：

一個極度**有耐心**的人面對這個決定時會怎麼做？

一個極度**沒有耐心**的人面對這個決定時會怎麼做？

在面對這個決定時，你通常會怎麼做？

願望三：

形容這個決定：

一個極度**有耐心**的人面對這個決定時會怎麼做？

一個極度**沒有耐心**的人面對這個決定時會怎麼做？

在面對這個決定時，你通常會怎麼做？

參考資料：

Ostrom, Elinor. *Governing the Commons: The Evolution of Institutions for Collective Action*. Cambridge University Press, 1990.

Ostrom, Elinor. 'Tragedy of the commons.' *The New Palgrave Dictionary of Economics* 2 (2008).

Ostrom, Elinor.'Collective action and the evolution of social norms.' *Journal of Economic Perspectives* 14, no. 3 (2000): 137–158.

Nordman, Eric. *The Uncommon Knowledge of Elinor Ostrom: Essential Lessons for Collective Action*. Island Press, 2021.

Harding, G. 'The tragedy of true commons.' *Science* 162 (1968): 110–117.

Mischel, Walter, Shoda, Yuichi and Rodriguez, Monica L. 'Delay of gratification in children.' *Science* 244, no. 4907 (1989): 933–938.

Mischel, Walter. 'Preference for delayed reinforcement: An experimental study of a cultural observation.' *The Journal of Abnormal and Social Psychology* 56, no. 1 (1958): 57.

Mischel, Walter. 'Delay of gratification, need for achievement, and acquiescence in another culture.' *The Journal of Abnormal and Social Psychology* 62, no. 3 (1961): 543.

Mischel, Walter, Shoda, Yuichi and Peake, Philip K. 'The nature of adolescent compe- tencies predicted by preschool delay of gratification.' *Journal of Personality and Social Psychology* 54, no. 4 (1988): 687.

Shoda, Yuichi, Mischel, Walter and Peake, Philip K. 'Predicting adolescent cognitive and self-regulatory competencies from preschool delay of gratification: Identifying diagnostic conditions.' *Developmental Psychology* 26, no. 6 (1990): 978.

Sutter, Matthias, Kocher, Martin G., Glätzle-Rützler, Daniela and Trautmann, Stefan T. 'Impatience and uncertainty: Experimental decisions predict adolescents' field behavior.' *American Economic Review* 103, no. 1 (2013): 510–531.

Schnitker, Sarah A. 'An examination of patience and well-being.' *The Journal of Positive Psychology* 7, no. 4 (2012): 263–280.

Meier, Stephan and Sprenger, Charles. 'Present-biased preferences and credit card borrowing.' *American Economic Journal: Applied Economics* 2, no. 1 (2010): 193–210.

Khwaja, Ahmed, Sloan, Frank and Salm, Martin. 'Evidence on preferences and subjective beliefs of risk takers: The case of smokers.' *International Journal of Industrial Organization* 24, no. 4 (2006): 667–682.

Weller, Rosalyn E., Cook III, Edwin W., Avsar, Kathy B. and Cox, James E. 'Obese women show greater delay discounting than healthy-weight women.' *Appetite* 51, no. 3 (2008): 563–569.

Chabris, Christopher F., Laibson, David, Morris, Carrie L., Schuldt, Jonathon P. and Taubinsky, Dmitry. 'Individual laboratory-measured discount rates predict field behavior.' *Journal of Risk and Uncertainty* 37, no. 2 (2008): 237–269.

Kirby, Kris N., Petry, Nancy M. and Bickel, Warren K. 'Heroin addicts have higher discountrates for delayed rewards than non-drug-using controls.' *Journal of Experimental Psychology: General* 128, no. 1 (1999): 78.

O' Donoghue, Ted and Rabin, Matthew. 'Doing it now or later.' *American Economic Review* 89, no. 1 (1999): 103–124.

Augenblick, Ned, Niederle, Muriel and Sprenger, Charles. 'Working over time: Dynamic inconsistency in real e□ort tasks.' *The Quarterly Journal of Economics* 130, no. 3 (2015): 1067–1115.

Odum, Amy L., Baumann, Ana A.L. and Rimington, Delores D. 'Discounting of delayed hypothetical money and food: E□ects of amount.' *Behavioural Processes* 73, no. 3 (2006): 278–284.

Odum, Amy L. and Rainaud, Carla P. 'Discounting of delayed hypothetical money, alcohol, and food.' *Behavioural Processes* 64, no. 3 (2003): 305–313.

Estle, Sara J., Green, Leonard, Myerson, Joel and Holt, Daniel D. 'Discounting of monetary and directly consumable rewards.' *Psychological Science* 18, no. 1 (2007): 58–63.

Ubfal, Diego.'How general are time preferences? Eliciting good-specific discount rates.' *Journal of Development Economics* 118 (2016): 150–170.

第五章

你有看到一隻大猩猩嗎？

——感知與現實

關鍵要點——見解四：你的感知形塑你的決定。

二〇一八年初，保羅．羅默（Paul Romer）剛從聖誕假期回來不久，他感到忐忑不安。他擔任世界銀行首席經濟師已經一年半了，對於不正常的行為日益感到懷疑。他對銀行某些方面的知識誠實感到擔憂，並在接受《華爾街日報》採訪時仔細思考了這些問題。

這次採訪對他來說是毀滅性的。

羅默是一位非常著名且受人尊敬的經濟學家。他於一九八三年在芝加哥大學獲得博士學位。[1]在他的論文中，他寫到了當時模型中尚未能體現的經濟成長的一個重要面向：創新和技術變革的作用。具體來說，他指出，研究和開發是企業、進而是經濟成長的主要推動力之一。先前，經濟學家認為技術變革是「剛發生的」——這是事件的自然進程。但羅默證明了，技術變革是人力資本的直接結果——也就是企業選擇投資的人才。[2]

人力資本和物質資本有很大程度上的差異。一項偉大的創新，一個奇妙的想法，都會產生影響整個經濟的外溢效應。「一個想法的特殊特性是，如果（有一百萬人試圖）發現某件事，如果有任何一個人意外發現它，每個人都可以使用這個想法。」[3]羅默接受這個見解，這帶領著他繼續研究這種成長是如何發生的，開啟了經濟學的全新研究領域。這項工作最終使羅默獲得了諾貝爾經濟學獎。他真的是傑出極了。

但在二〇一八年一月的那個早晨，羅默一直在思考世界銀行最具影響力的產品之一：《營商環境報告》（*the Doing Business Report*）。[4]這份報告每年發佈一次，對各國的工作環境進行排名。這是一個非常具影響力的產品，因為許多大型組織的投資決策和風險評估都是基於這些排名進行的。此外，全球的政策制定者也都以排名的提供來獲得榮譽。整體而言，這份報告在國內和國際上具有相當大的影響力，儘管一項評估報告對發展中國家的影響有限，但它具有明顯的政治影響力，許多政治家將排名的提升作為自己成功的證據。[5]

由於缺乏數據，報告的作者經常根據一組指標和比較國家做出決定。由於這些指標和國家每年都在變化，跨年度比較排名既不準確也不盡公平。然而，在現實世界中，許多國家當然會進行比較，並經常宣稱其排名的提高是巨大的成功。值得讚賞的是，世界銀行的排名計算方式總是與報告一起發佈，因此整個過程是透明的。但是，在開發這種方法時，研究人員會做出很多選擇，而這些選擇的過程並未公開——每年也都有所不同。最終，研究人員每年都會在一定程度上修改規則，而不是按照設定好的具體範本作業，因此排名會受到每年制定規則的人的偏見所造成的變動。由於這個原因，羅默認為這些排名有待商確。他是對的。[6]

他對《華爾街日報》的記者講述了這一點，還特別提及智利政府的待遇。他指出，二〇一四年至二〇一八年在蜜雪兒．巴舍萊（**Michelle Bachelet**）擔任總統期間，智利發佈的排名有所下降。巴舍萊是智利社會黨的領導人。她的前任（也是繼任者）塞巴斯蒂安．皮涅拉（**Sebastian Pinera**）是保守派「民族革新黨」的領導人，在他的任期內，智利的排名有所上升。報告顯示，智利的營商環境容易度在社會黨領導執政期間下降，而在保守黨領導人執政期間上升。[7]

智利立場的轉變不僅僅是一個學術問題。巴舍萊執政期間的排名下降與智利的外商投資下降同時發生。但這些排名來自一個政治傾向也相對保守的機構，至少從財政角度來看是如此。該名記者撰寫了這篇報導，指責世界銀行因政治偏見而不正當地影響其統計排名。羅默不久後就辭職了，距離他的任期還有整整兩年。

全球發展中心（Centre for Global Development）發表了一篇部落格文章，其中他們使用固定不變的統計方法重新計算了排名。他們得出的智利排名並沒有像世界銀行所報告的那般急劇下降。[8]這項分析似乎顯示出一些惡意的事。但是，世界銀行對《營商環境報告》的獨立調查並未發現惡意行為的證據，只發現了一般性的疏失。世界銀行現在已經中止了該份報告，負責此事的人也已經辭職，就像羅默一樣。[9]

我們無法確定是否有人操縱了局勢來懲罰智利的社會黨領導人。但即便假設這個錯誤純粹是由於疏忽造成的，這也是一個巨大的衝擊。你會期望由一個著名機構所製作的旗艦知識產品在出版前會經過一些品質檢查。特別是當潛在的結果對所有參與者——世界各地的政府首長、公民和世界銀行本身——都有著如此巨大影響時。再者，請注意，羅默所觀察到的這個問題模式，在巴舍萊的四年總統任期以及至少一屆的皮涅拉總統任期都存在。如果品質檢查有嚴格執行的話，每年都有缺失似乎是不可能的。

然而，更有可能的是認知偏誤的作用。世界銀行總體上是一個保守的機構，其數據和研究部門主要是由經濟學家組成的。營商環境排名隨著保守政策而上升，隨著自由政策而下降，這可能不會讓這些人感到詫異——這符合他們的世界觀。然而，想像一下，如果數據朝相反方向發展的話會怎樣。如果每次他們支持的政治人物上台時，都會導致排名下降，經濟學家們可能會想要仔細檢查這些數據。

這種現象暗示了一種特定類型的認知偏誤，稱之為確認偏誤（confirmation bias）。它顯示出你的感知有多麼重要。有時，即使眼前的事實表明了一件事，如果你所感知的與你內心深處的信念相符，你可能會看到別的東西。

感知的科學

本章解釋了我們的信念、我們的想法和現實具體事實之間的差異。這是一個關鍵的區別，也是行為科學和經濟學之間的主要區別之一。經濟學家長期以來一直假設，如果你做出錯誤的決策，你所需要的只是更多的資訊。但最近的研究清楚表明，無論我們掌握的資訊數據有多少，決策都會受到我們感知世界方式的種種問題所影響。世界銀行的經濟學家將報告與他們認為世界應該運作的方式保持一致，而不是世界**實際**運作的方式。科學表明，當數據與你的觀點不一致時，要改變我們的行為所需的證據量要多得多；相較之下，當數據符合你的觀點時，則要少得多。[10]

我們在生活中可能也有過這樣的經驗。像是，我們可能會覺得自己的學習能力強。我們將尋求證實這一點的資訊——例如，你在工作中比其他人都更快學會了如何使用新的電腦系統。但也可能存在著相互矛盾的資訊——例如，你在你喜歡的語言學習應用程式上花了很多時間，但你仍然不會講一句法語。你會留意到第一個資訊，因為它證實了你的觀點，但第二個資訊卻沒有引起你的注意。你注意到哪一個資訊是重要的，因為它會成為你的現實——你對世界的主觀看法，而不是客觀看法。很顯然，在這個例子中，對自己說你是一個學習能力強的人這件事會影響你學習事物的能力。這或許代表你不像那些認為自己學習能力不夠好的人那般努力。另一方面，這或許會讓你對自己能夠掌握一項新技能充滿信心，意思是說你比其他人更早開始付諸努力，並且始終受到正面的觀點所鼓舞。無論是哪種情況，這些行為都不是建立在你的學習能力好或不好的嚴謹分析上的。說實話，你無從得知自己在與他人相比時學習能力究竟有多好。在建立決策思維時，在試圖設定一個目標並堅持下去時，這一點非常重要。我們沒有準確感知世界的這一事實必須納入我們的計劃中。

因此，為了更好地理解這一切，我們將深入探討感知的科學。

當我們做決定時，我們會利用所掌握的資訊來推測最佳選擇。但有一個問題：我們的注意力有限。這意謂著我們往往是無意識地排序接收到的訊息，並且只專注在排序過程中被排到最前面的訊息。這與我們在第二章中討論過的一些內容有關——我們的大腦透過走捷徑來保護認知資源的概念。然而，在這裡，這是一個獨特的現象。每個人在腦海中都攜帶著對周圍世界的一種形象（有些行為科學家稱之為「解釋」或「心智模式」）。[11]他們所做出的決定都是基於這個形象。但這是你大腦中建構的一個形象——這不是完整的圖景，這不是現實世界。因此，我們通常是基於有限的資訊來做出決定，或者，更準確地說，是基於我們對情況的**感知**，而不是情況本身來做出決定。

這裡有一個簡單的思考方式。想像一下有天你正在叢林中漫步。在你前方的地面上，你的眼角餘光瞄到一個紅黑條紋的生物，又長又細，盤繞著，而你正要踩到它。你的心臟都要跳出來了，心跳急促到不行，在你搞清楚是什麼回事之前，你已經朝著反方向衝刺。你獲得幾個資訊。你在叢林中，你一度看到那個東西的形狀、大小和顏色，它們都符合你告訴自己的關於這個世界的故事：它是一條蛇。這些資訊讓你做出決定：跑！只有當你回到營地並向某人描述這個經歷時，你才會得到新的資訊：那天稍早時，有人把登山繩遺留在你當時正在行走的小路上——繩子的末端是淘氣阿丹風格的紅色和黑色條紋。

基本上，我們這麼做是為了保護認知資源。我們的大腦是幫助我們組織和理解這個世界的奇妙工具。但是，吸收世界所提供的一切資訊對於任何一個大腦來說都過於龐大到難以應付了。因此，我們常常會挑選我們重視的資訊，或是我們記住的資訊，這會隨著時間的推移導致決策中的偏誤。提醒一下，偏見不是隨機錯誤。偏見是對客觀現實的系統性偏離。事實是，這些偏見是系統性的，換句話說，它們是可預測的，並且可以克服。我們將在第三部分更詳細地討論克服這些問題的策略，但現在對我們來說，更重要的是更深入地理解科學的注意力和感知。

選擇性注意力

選擇性注意力背後的概念很簡單：當我們的注意力集中在某些特定的任務上時，我們往往會錯失同時發生的其他資訊。關於這一點有相當有力的證據，其中一些已經在網路上瘋傳。[12] 最有名的一個實驗版本是一支短片，在短片中有一組人正在進行一場簡單的籃球比賽。螢幕上總共可以看到六名球員，分成兩隊，一隊穿著白色衣服，另一隊穿著黑色衣服。在影片中，每個隊伍的球員都按照一個簡單的順序相互傳球，從球員一傳給球員二，再傳給球員三，然後再傳回球員一，依此類推。參與者的任務是在心中默數特定隊伍（黑色或白色，隨機分配）的傳球次數。[13]

影片進行到一半時，發生了一件值得注意的事。有一個穿著全套大猩猩連身服的人出現了。他扮成大猩猩，從螢幕右側，閃避球員，走進場景中央，面向鏡頭，做出大猩猩搥胸的動作，然後慢慢走出鏡頭。參與者被要求回報他們計算的傳球次數。然後他們被問到是否有看到一隻大猩猩。整體來說，結果明確支持選擇性注意力：在所有條件下，近一半的參與者沒有注意到那隻大猩猩。這些發現復現了早期一系列論文發表的結果。更值得注意的是，研究人員可能會將這個事件描述為「高度突顯」。也就是說，在正常情況下很難錯過一個裝扮成大猩猩的人。研究者還指出，許多錯過大猩猩的參與者直到重新觀看影片時才相信自己之前沒看到大猩猩。他們還以為研究人員在騙他們。當注意力集中在一個區域時，同一空間發生的不相關事件的細節被忽視了。這導致我們的感知與客觀現實之間存在著分歧。基本上，我們的感知不是基於透過我們感官而進入的訊息，而是基於我們所關注的訊息。[14]感知與現實之間的這種差異產生了我們所理解的認知偏誤：我們的感知與客觀現實之間的一種系統性偏差。我們可以想像這會如何在我們的生活中、以及對於我們建立決策思維的能力造成嚴重破壞。例如，如果你專注在你的事業，你可能會忽略你最親密的關係，然後，似乎毫無預警地，一場爭吵爆發了。但當然，警訊是在那裡——就像大猩猩一樣——只是你的注意力卻在別處。

心理學家已經記載了大量的認知偏誤。但就我們的目的而言，有一個特別相關的問題：確認偏誤。確認偏誤是一種選擇性注意力。當我們要利用資訊來確認我們認為自己已知的事情，而不是客觀地評估它時，就會出現這種情況。當我們搜尋資訊、當我們試圖記住資訊，或當我們面對兩個相互抵觸的資訊時，我們都容易受到確認偏誤的影響。

我們所抱持的觀點愈深切，確認偏誤就愈強烈。思考一下以下情況：你上一次試圖說服某人關於他們抱持強烈觀點的事情（他們應該投給哪個政黨），對比於他們對於自己沒那麼堅持觀點的事情（《舞動奇蹟》比《英國烘焙大賽》好看？）哪種更有可能，你要說服某人改變主意所需要的論證，前者相較於後者要多得多。工黨與保守黨、共和黨與民主黨、左翼與右翼——這些都是人們強烈抱持的觀點。有些人不只是投票給某個政黨，他們還認為自己是該政黨的「一員」。它成為他們身分認同的一部分。這件事可能會比單單在客廳討論產生出更大的影響。例如，一項研究發現，陪審團成員的政治結構組成會影響他們的觀點：若陪審團中的成員意識形態一致，他們更有可能提出意識形態的意見，而觀點不一的成員則會提出不同的意見。[15]

另一項研究對這個現象進行了一個有趣的測試。一個美國人口的代表性樣本被要求評估一張簡單的數據表格。表格上是關於乳霜對皮疹效果的數據——重點在於，他們並不預期參與者對乳霜的功效會有強烈的看法。接著，向參與者提出問題來測試他們對於數據的理解程度——大多數人都能正確地評估出數據。然而，對另一組參與者，研究人員改變了完全相同表格的表述框架。他們對那些參與者說，這些數據是關於槍枝管制法對犯罪的有效性。之所以使用這個表述框架，是因為與乳霜不同，他們預期參與者對槍支管制法的有效性有著強烈的看法。[16]

而事實證明——當牽涉到他們對某一議題有強烈看法時，更多的人會錯誤地解讀數據。再者，在論文中，他們還表明了，相對於對該特定主題抱持較淡信念的人，具有強烈信念的人更有可能根據他們的先驗來解釋數據。人們依賴自己的直覺，因為對事情思考太多會消耗能量。意即，如果他們堅信嚴格的槍支管制法能夠減少犯罪，並且看到表格中的數據證實了他們的信念，他們就會就此停下來，不再考慮眼前的其他證據。

我和我的共同研究者進一步研究了這個現象，並對兩家非常有影響力的發展機構的發展專家進行了抽樣調查。我們要求一些參與者評估乳霜對皮疹的功效（就像先前的實驗一樣），而其他參與者則被要求評估法定最低薪資對貧窮的效能數據（發展專家對此有強烈的看法）。結果顯示出確認偏誤：相對於評估他們沒有強烈觀點的數據（乳霜），參與者在評估他們抱有強烈觀點的主題（法定最低薪資）的數據時不太準確。此外，那些具強烈觀點的人更有可能提出錯誤的答案。[17]

為什麼這些參與者在評估完全相同的數據時會出不同的準確率？而這些數據僅在表述框架上有所不同？請記住，這些人可以輕鬆計算出正確的答案，但當他們對數據有強烈看法時，他們會給出不同的答案。為什麼？答案是，當面臨一個我們擁有強烈先驗的決策時，我們傾向於使用先驗來得出我們的答案，而不是進行耗費精力的計算過程。事實上，這些發展專家都有義務根據合約進行客觀評估並制定反映這些數據的政策，但他們也容易受到這類偏見的影響，這值得我們深思。確認偏誤對我們的世界有著巨大的影響。

因此，所有這一切都說明了我們的信念在引導決策中有多麼重要。我們可能會認為，當我們做一個決定時，尤其是重大決定時，我們是理性的。很多時候，我們只是感覺自己是在理性行動。通常，我們所做的事都是因為我們的感知和信念，而不是對數據的客觀評估。在我們的日常生活中，當試圖建立決策思維時，必須牢記這一點。舉例來說，如果我們覺得吃一碗冰淇淋會對我們的生活帶來正面影響，讓我們快樂，我們就會這麼做。無論是從長期還是從短期來看，沒有人會去分析吃一碗冰淇淋是否會讓我們快樂的成本效益。要改變我們的行為，我們需要徹底改變我們對特定行為的感知——我們需要相信吃冰淇淋會讓我們不快樂。我們不能指望自己對每一個行動都深思熟慮，我們也不能指望深思熟慮就一定能得出對事實的準確看法。

認識你自己

上述證據清楚表明，我們對整個世界普遍存有偏見。但我們不僅在周遭的一切事物上都錯了。我們對自己也存在著偏見。

有兩種偏見特別會阻礙我們明確看待世界的能力。一是過度自信，二是樂觀。過度自信是指我們傾向於相信自己擁有比實際上更高的能力。這也可能意謂著我們低估了對手的能力、某一特定任務的困難程度、參與某些行為所帶來的風險，或只是完成某事所需的時間。這種「規劃謬誤」（**planning fallacy**）是每個人都曾經在某個時刻犯過的錯誤。[18] 搬家需要花多久的時間？至少要比你請假的天數多一天。過度自信本質上是相信我們的能力高於實際水準的信念。當我們認為自己比實際情況更好時，我們不會付出足夠的努力。我們會未達期望。稍後我們將討論如何應對這種難免會發生的失敗，但現在重要的是，請注意，如果我們過度自信，我們會低估實現任何特定目標所需的努力。

快速筆記：從這個意義上來說，過度自信是一個認知偏誤——人類感知中的系統性錯誤。不幸的是，即便你不是那種喜歡在派對上告訴別人你有多厲害的外向型人格，你仍然會受到它的影響。

但為什麼？為什麼我們會高估自己的能力？最有說服力的典型之一是過度自信具有進化優勢。在衝突環境中，過度自信可能是有優勢的。想像一下這個情況：在我們遠古的過去，有兩個人想要取得同一株生長在半山崖壁灌木上的黑莓。其中一人的攀爬能力明顯優於另一人。但如果能力較差的人對自己的能力更有自信，他就會抓住這個機會，試圖爬上山崖取得黑莓。如果能力較好的那個人無法完全觀察到自己和對手之間的能力程度，他將會失去機會。在這種情況下，過度自信顯然成為一種有利的策略。此外，人類與其他物種不同，由於天擇，過度自信可能會持續存在，人類會進行實驗、模仿和學習，這可能會增加整體的過度自信。換句話說，過度自信可以是有用的，因為它可以增加決心、毅力和野心。[19]

但論證這項觀點的研究人員同時也注意到一些更有趣的事：當不確定性增加時，過度自信就會增加。事情變得愈不確定，就愈容易產生過度自信。這種研究模型的含義有助於解釋從伊拉克戰爭到卡崔娜颶風的應對措施等一切事情。毫無疑問，過度自信在二〇〇八年的金融危機中起了作用，而當我們的氣候變遷時，而今它也正在發揮作用。我常常覺得這種情況也出現在冬季奧運上。在英國，冬季運動並不常見，然而，當電視上轉播冬季奧運時，人人都開始談論著俯式雪橇和自由式滑雪，宛如他們是專家一樣。你的同事說：「哦，對啊，加拿大雪橇隊今年看起來很強。」兩週前，他對「加拿大隊」與對量子力學的了解其實差不了多少。事實上，當情況更加不確定時，這種效應會更加明顯，而這可能會造成災難性的後果。[20]

這描繪了一幅相當陰暗的景象。然而，由於過度自信對於理解人們如何處理任務十分重要，因此人們投入了大量的時間和精力來研究過度自信。過度自信可以分為三個主要類別，研究人員稱之為：過度估計、過度定位和過度精確。[21]

依序考慮上述每一項，過度估計是最常見的。它被簡單地定義為高估自己在特定任務中的表現。過度估計將是我們主要關注的一點，因為它直接影響個人決策。最明顯的例子是人們認為自己在某個測驗中的得分比實際得分高。過度估計也涉及到一個人對某種情況結果的控制程度或成功機會等等。一般來說，在沒有其他因素的情況下，我們對自己能力的信念通常會高於實際上的能力。

科學家們用一個簡單的冷知識任務，對大學生進行了直接測試。[22]他們給參與者一個由簡單、中等和困難問題組成的問答測驗，並根據他們在任務中的表現支付報酬，對於表現更好的人支付較高的報酬。然後，他們要求參與者猜測自己的表現，猜對的人將獲得更高的報酬。參與者低估了自己在簡單測驗上的表現，對於中等難度的測驗是準確的，但他們高估了自己在困難測驗中的表現。這明確證明了，隨著不確定性增加，過度自信也會增加。

第二種類型的過度自信是過度定位。這主要是社會性的。人們認為自己在某項特定任務上優於他人。有名的是，每八個男性中就有一個相信自己可以在網球比賽中從小威廉絲手上贏得一分。[23]這與過度估計有關。那些認為自己在某件事情上的能力比實際情況更好的人更有可能認為自己在該事情上會比其他人更出色。想想我們的攀岩者吧，由此可見，能力較差的攀岩者認為自己比能力較好的攀岩者更好，同時認為自己有能力摘到莓果。過度定位和過度估計並不全然獨立，當然，雖然你有可能認為自己比實際情況更好，同時你也認為別人比你更出色。儘管如此，有一系列心理學刊物證實，大多數人都認為自己在某些任務上是高於平均水準的（或者更準確地說，是高於中等程度），但這顯然不是事實。[24]

最後一種過度自信的類型是過度精確。它的定義是過於篤定某人信念的準確性。如果你要求某人針對某個特定問題給出一個可能的答案範疇，例如，一座山的高度，那麼給出的範圍幾乎總是太窄，而且涵蓋正確答案的機率不到百分之五十。這非常奇怪，但人們往往不會說「這座山的高度介於零公尺到七百萬公尺之間。」他們會說「這座山的高度介於二千三百四十五公尺到二千五百公尺之間。」一般而言，人們認為自己的準確性比實際情況更高。[25]

因此，有明確的證據表明，整體而言，由於我們的信念，我們對自己的能力更具信心。我們相信自己的能力更高、更準確、高於平均。我們在此要解決的下一個問題是，當事情見真章時，為什麼這樣的信念仍然存在。想像一下，某人過於自信可以準時交出工作。我知道我的截止日期可能會有困難，但光是知道不能完全解決問題。確實，在經過多次失敗後，我們應該能夠推斷出我們自己過度自信了，我們的信念應該要開始與現實情況保持一致，對吧？錯了。

這種推測方式存在著一個問題。我們都保有一些先前的信念。舉例來說，你對自己應對考試的能力有一種信念。你可能會認為在下一次考試中，你會得到七十分。而你參加了考試，實際得到的低於這個分數，假設是六十分吧。現在，這個實際分數構成了文獻中所謂的「信號」——它是一個可以幫助你確定自己位置的數據點。我們會假設你用這個信號來更新你對自己能力的信念，這麼一來，當你下一次面對考試時，你新的信念應該會比你原來的信念更接近六十分。換句話說，這些新的資訊，也就是你實際的考試分數，應該會被用來更新你的信念，於是，隨著時間的推移，就不會存在著過度自信的機會，因為數據迫使你適時地調整你的信念。

但是證據表明，由於個人通常對自己的能力過度自信，所以在更新看法上必定存在一種不同於我上面提出的形式。具體說來，我們稱之為「好消息／壞消息效應」。在更新關於自己表現的信念時，我們對待好消息（我們的表現比預期好）和壞消息（我們的表現比預期差）的處理方式會有所不同。一項實驗要求參與者進行二十五題的智力測驗，或參加一個快速約會活動。在這兩種情況下，參與者的排名是根據他們在智力測驗中的得分或其他人對他們吸引力的評估。這構成一個客觀的排名。然後，參與者被要求寫下他們自認為的排名。接下來，他們與一位匿名搭擋配對，並獲知他們的排名比對方高還是低。再來，他們被要求修改他們自認為的排名。這個過程會一再重複，直到所有的配對都用盡。[26]

研究人員的發現非常驚人。當得到好消息（他們的排名比配對搭擋高）時，參與者會照著修正他們的信念。然而，當他們得到壞消息（他們的排名比配對搭擋低）時，參與者不願意改變他們的信念！這個效應對於評斷美貌比評斷智商更為顯著，但相對於控制條件，無論是美貌還是智商，參與者對好消息和壞消息的看法都存在著差異。

當評估與我們自尊相關的因素時，我們一點都不客觀。因為我們對待好消息和壞消息的方式不同，我們需要更多的資訊來證明我們並不如我們想像的那樣，能夠使我們的感知與現實相符。另一方面，我們只需要一小部分正面的資訊來重新評估，而這一點點的好消息可能會導致我們過度相信我們的信念。我們相信自己比實際情況更好，這符合我們既有的利益。這對我們有好處；於是，我們會積極這麼做。但結果是我們常常低估了完成一項困難任務所需的努力或所需的時間（具體來說，後者被稱之為「規劃謬誤」）。[27]

關於過度自信的最後一點是相對著名的「達克效應」（Dunning-Kruger effect）。[28]基本概念是我們高估了自己的表現。但對於那些能力較差的人來說，更容易高估自己。此外，能力較差的人較不容易認可他人的能力，這使他們更不可能透過學習或模仿來提升自己的技能。你的能力愈差，你就愈有可能過度自信。你的能力愈好，你對自己能力的信念就愈有可能與你的實際能力相符。在努力堅持你的目標時，這一點非常重要。在過程的開始，你很可能是個初學者，意指你還無法勝任。但你不知道自己有多麼無法勝任，這導致你認為自己比實際上更好。例如，你可能想要開始寫部落格。你可能會環顧四周，認為可以輕鬆獲得一定數量的粉絲，同時每週寫出一定數量的文章。但當你開始時，粉絲人數增加緩慢，而且寫文章很困難。你的過度自信突然遭遇到現實。傲慢，迎接你的報應吧。

避免過度自信

再說一次，當我們決定建立決策思維時，這一切都很重要。我們對於這個世界的資訊是有限的，我們所做的大多數決定都是基於我們腦中對世界的看法，而不是客觀現實本身。我們幾乎不可能接收世界提供的所有資訊。意思是說，我們將注意力集中在某些事物上，而我們的大腦會過濾掉其他訊息，導致我們在感知和信念之間出現偏差。我們所做的決策反映了我們對世界的理解，而不是世界本身。

本章的核心在於選擇性注意力和自信的概念。自信是我們實際能力和我們對自己能力的感知之間的差異。我們大多數人都過度自信。除此之外，我們還有選擇性注意力，意即我們基於有限的資訊做出決策。然而，我們並不會認為自己的知識是有限的，因為我們會用自己的心智模式來填補知識的空白，這導致了帶有偏見且不理想的決策。

或許更重要的是，我們在更新對世界的信念方式上也存有偏見。我們容易產生確認偏誤，也就是說，我們有一種選擇性尋找、處理和保留符合我們信念的傾向，而不是對資訊進行客觀評估。更糟的是，我們對於自己和自己執行能力的信念並不客觀。我們傾向於高估自己的能力（特別是在困難的任務中）。我們高估了自己的能力，這使我們很難規劃我們的努力。此外，根據達克效應，我們的能力愈差，就愈高估自己的能力。所以，對你來說，任務愈困難，你就愈可能相信它並不困難。

最後，當涉及到我們的自尊時，更新我們的信念就會出問題。我們傾向於處理好消息，也就是我們比實際情況更好的訊號；壞消息則不同，壞消息指的是我們比我們實際能力差。這意謂著過度自信的人（即大多數人）更新信念的速度非常緩慢，而缺乏自信的人則可以迅速更新自己的信念，進而產生了我們觀察到的認知偏誤。

所有這些都對建立決策思維有著巨大的影響。目前來說，值得理解並提升更多對於這一切的意識。當然，這是一個壞消息，但正如我們現在所知道的，你很可能會忽略它。但我希望我在這裡提供的大量論證能夠讓你清楚意識到你需要認真看待過度自信這件事。在規劃和執行長期目標時，你很可能在一開始就把自己的目標定得太高，你很可能認為自己比實際上更有能力，而且你很可能會非常不精確地估計了時間範圍。總之，這是一個失敗的作法。

另一方面，凡事有備無患。了解這一點至少可以給你一些預防的方法。也許值得思考一下過去你容易過度自信的時刻。規劃謬誤——我們低估任務所需時間的情況——無疑是我們在生活中某個時刻、某個領域上都遇到過的問題。

或許還值得思考一下過度自信如何以更微妙的方式發揮作用。例如，如果我們為自己制定一個減肥計劃，我們可能會對自己能堅持多久過於自信。我們可能會忽略將面臨到的許多問題，像是，去餐廳、抗拒街角商店的巧克力棒、度假時該怎麼做。沒錯，在理論上，你似乎可以計劃好每一餐，均衡飲食，包括吃大量的水果、蔬菜和堅果。但那是你腦海中的世界，而不是一個具體而實際的現實世界。理解到你認為自己會去做的事情很可能不是你實際會做的事情，這可能會幫助你在計劃上與你的實際情況相符。

回到羅默

在《華爾街日報》刊出這篇文章後，保羅．羅默被要求辭去他的職位。《營商環境報告》被另一份報告取代，獨立調查結果沒有發現到任何不當行為的證據，但負責那份報告的人也辭職了。羅默後來獲得了諾貝爾獎，並繼續在政策圈中發揮影響力。人們可能會猜想，為什麼需要像羅默這樣的人物才能揭露那份報告的缺陷，但這個故事說明了一個重要的觀點：如果我們認為一項特定分析的結果是正確的，我們就不太可能找理由來證明相反的論點。

我們的許多決策在很大程度上都依賴於我們對資訊的感知，而不是資訊本身。這種差異至關重要，因為很多時候，我們進行的干預是為了提供更多資訊。但是，如果當資訊是一些不好聽的東西時，你就忽略它，這麼一來，這些資訊又有什麼用呢？

在這個章節中探討的所有概念都意指個人的感知可能與現實大相逕庭，使得目標變得更難以達成。我們的感知可以改變我們的決策分類，讓我們感覺自己正在取得進展，但實際上並非如此。

你的感知驅動著你的行為。這裡的意圖不僅僅是提供資訊（我們知道你會選擇性地看待這些資訊），而是試圖讓你深刻理解這背後的機制，以及這些感知如何導致行為。要改變行為，我們需要花一點時間反思並改變我們的感知。這其實就是這些科學章節的重點所在。在本書的第二部分中，我們將開始透過制定路線圖來將這些見解付諸實行。

小方塊：輪到你了！

作業＃5

這是一項兩個部分的練習。首先，請想一下你經歷計劃謬誤的三個時刻——你低估了做某事所需的時間。（簡略地）寫下情況、你認為需要花費的時間以及實際花費的時間。

	描述情況	你認為需要花費的時間	實際花費的時間
情況一			
情況二			
情況三			

接下來，想一下本章的資訊。在意識到好消息／壞消息問題的同時，試著內化這樣一個想法：除了你擅長的事情外，你大多時候都過於自信了。將這兩件事結合在一起，回到你在本書一開始尋找的願望。你認為實現這些目標可能需要多長時間？難度有多高？是否值得重新修改目標、時間期限或需要投入的努力程度？

願望一：

你想要何時達成這個目標（在第一章時）？

你想修改時間期限嗎？

你想要何時達成這個目前（修改後）？

你為何決定修改或不修改？

願望二：

你想要何時達成這個目標（在第一章時）？

你想修改時間期限嗎？

你想要何時達成這個目前（修改後）？

你為何決定修改或不修改？

願望三：

你想要何時達成這個目標（在第一章時）？

你想修改時間期限嗎？

你想要何時達成這個目前（修改後）？	______
你為何決定修改或不修改？	______

參考資料：

Romer, Paul M. 'Endogenous technological change.' *Journal of Political Economy* 98, no. 5, Part 2 (1990): S71–S102.

Jayasuriya, Dinuk.'Improvements in the World Bank's ease of doing business rankings: Do they translate into greater foreign direct investment inflows?' *World Bank Policy Research Working Paper* 5787 (2011).

Kahan, Dan M., Peters, Ellen, Dawson, Erica Cantrell and Slovic, Paul. 'Motivated numeracy and enlightened self-government.' *Behavioural Public Policy* 1, no. 1 (2017): 54–86.

Johnson-Laird, Philip N.'The history of mental models.' In *Psychology of Reasoning*, pp. 189–222. Psychology Press, 2004.

Becklen, Robert and Cervone, Daniel.'Selective looking and the noticing of unexpected events.' *Memory & Cognition* 11, no. 6 (1983): 601–608.

Sto□regen, Thomas A. and Becklen, Robert C. 'Dual attention to dynamically structured naturalistic events.' *Perceptual and Motor Skills* 69, no. 3–2 (1989): 1187–1201.

Neisser, Ulric and Becklen, Robert. 'Selective looking: Attending to visually specified events.' *Cognitive Psychology* 7, no. 4 (1975): 480–494.

Simons, Daniel J. and Chabris, Christopher F. 'Gorillas in our midst: Sustained inattentional blindness for dynamic events.' *Perception* 28, no. 9 (1999): 1059–1074.

Driver, Jon. 'A selective review of selective attention research from the past century.' *British Journal of Psychology* 92, no. 1 (2001): 53–78.

Sunstein, Cass R., Schkade, David, Ellman, Lisa M. and Sawicki, Andres. *Are Judges Political? An Empirical Analysis of the Federal Judiciary*. Brookings Institution Press, 2007.

Banuri, Sheheryar, Dercon, Stefan and Gauri, Varun. 'Biased policy professionals.' *The World Bank Economic Review* 33, no. 2 (2019): 310–327.

Kahneman, Daniel and Tversky, Amos. 'Intuitive prediction: Biases and corrective procedures.' In Kahneman, Daniel, Slovic, Paul and Tversky, Amos (Eds.), *Judgment under Uncertainty: Heuristics and Biases*, pp. 414–421. Cambridge: Cambridge University Press, 1982.

Johnson, Dominic D. P. and Fowler, James H.'The evolution of overconfidence.' *Nature* 477, no. 7364 (2011): 317–320.

Camerer, Colin and Lovallo, Dan. 'Overconfidence and excess entry: An experimental approach.' *American Economic Review* 89, no. 1 (1999): 306–318.

Glaser, Markus and Weber, Martin. 'Overconfidence and trading volume.' *The Geneva Risk and Insurance Review* 32, no.

1 (2007): 1–36.

Howard, Michael. *The Causes of Wars and Other Essays*. Harvard University Press, 1984.

Malmendier, Ulrike and Tate, Geo□rey. 'CEO overconfidence and corporate invest- ment.' *The Journal of Finance* 60, no. 6 (2005): 2661–2700.

Neale, Margaret A. and Bazerman, Max H.'The e□ects of framing and negotiator over- confidence on bargaining behaviors and outcomes.' *Academy of Management Journal* 28, no. 1 (1985): 34–49.

Odean, Terrance. 'Do investors trade too much?' *American Economic Review* 89, no. 5 (1999): 1279–1298.

Moore, Don A. and Healy, Paul J. 'The trouble with overconfidence.' *Psychological Review* 115, no. 2 (2008): 502.

Alicke, Mark D. and Govorun, Olesya.'The better-than-average e□ect.' *The Self in Social Judgment* 1 (2005): 85–106.

Eil, David and Rao, Justin M. 'The good news-bad news e□ect: Asymmetric processing of objective information about yourself.' *American Economic Journal: Microeconomics* 3, no. 2 (2011): 114–138.

Kruger, Justin and Dunning, David. 'Unskilled and unaware of it: How di□culties in recognizing one's own incompetence lead to inflated self-assessments.' *Journal of Personality and Social Psychology* 77, no. 6 (1999): 1121.

第二部分

路線圖

第六章

目標、目標、目標

——目標設定的科學

關鍵要點——步驟一：設定一個目標

一九三〇年十月，英國貝德福，卡丁頓的一個小村莊，空氣中瀰漫著一股興奮的氛圍。一群人開始聚集在一起見證一項不尋常的事件，這不僅是對於這個寂靜的小村莊，甚至對整個英國、整個世界來說都是如此。在傍晚時分，著名的R101飛船將從這個村莊出發，前往目的地英屬印度的喀拉蚩，中途會在埃及的伊斯梅利亞停留加一次油。在伊斯梅利亞期間，飛船將會舉辦一

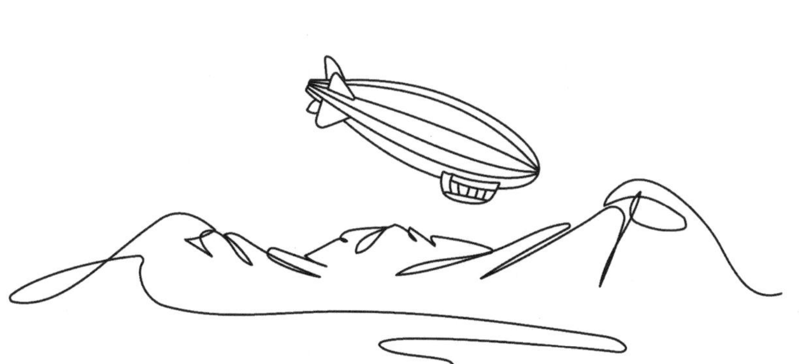

場政要人士的華麗晚宴，然後再繼續前往目的地。此次飛行的時間恰逢一九三〇年在倫敦舉行的帝國會議。飛船的成功航行對大英帝國具有重大意義，將長達四千英里的行程時間從十七天（海上）縮短到僅需三天（空中）！在帝國會議召開期間完成這趟旅程是大英帝國實力的重要展示。

但這艘飛船從未抵達埃及。

對外行人而言，「飛船」與飛機不同。飛船是輕於空氣的「輕航空器」，使用提升氣體（在當代通常是氦氣，儘管在此之前氫氣很普遍）。熱氣球使用相同的原理，因為加熱的空氣比冷空氣更輕，因此充滿熱空氣的氣球會上升並可以攜帶少量的有效負重。在著名的事故發生之前，會使用氫氣是由於它的可用性和成本效益。[1]

氫氣的問題是，它會爆炸。

在一九四〇年代之前，許多富裕國家在斥資於飛船研發上，尋求更具成本效益且更有效率的旅行方式。它們被廣泛視為航空旅行的未來。**R101**屬於「硬式」類型，指的是它有著堅固的外部結構，可以保持其形狀，但實際的提升氣體包含在內部的氣囊中，透過充氣或放氣來提升或降低高度。

在一九三〇年十月之前，**R101**飛船的飛行時間還不到一年，主要都是測試目的，儘管航空部的許多人懷疑測試並不是飛行背後的真正動機。確實，斯溫菲爾德（**Swinfield**）記錄道，副機長諾爾・亞瑟史東（**Noel Atherstone**）稱許多此類的旅行都是政客的「享樂之旅」。[2]

隨著太陽慢慢西沉，人群愈來愈多，站在皇家飛船工廠的外圍，為R101飛船加油。這艘七百七十七英尺長的飛船在小雨中啟動了引擎。這艘飛船總共載有五十四名人員，其中包括在官階和飛船發展方面最重要的人物——英國空軍大臣湯姆森勳爵。[3]

湯姆森勳爵的在場並非巧合。湯姆森直接負責飛船的研發，並對它的成果極度關切。船上還載有一系列（事後看來）稍嫌華而不實的東西。精美的餐具是專門為在埃及舉行的晚宴而存放準備的。重要的外國政要已受邀參加，湯姆森深知，至關重要的是向他們傳達大英帝國的威嚴，就像海軍世代統治海洋一樣統治著空中；而同時時尚典雅地用餐。湯姆森滿意地環視船上的情況。它的裝潢很優雅，這麼說或許太過於貼切，但它的風格令人聯想起鐵達尼號。

湯姆森勳爵的原名為克里斯多福・伯德伍德・湯姆森（Christopher Birdwood Thomson），於一八七五年出生於印度納希克（孟買附近）的一個軍人家庭。他的父親是少將軍階，母親是另一位少將的女兒。湯姆森從皇家軍事學院畢業後，跟隨父親的腳步加入皇家工兵部隊。在一八九九年第二次波耳戰爭期間，湯姆森初次接觸到航空業。戰爭期間，他於皇家工兵團熱氣球部門進行協助。該部門是專門為了現場操作熱氣球而設立的。[4]

湯姆森最終轉向政治圈並加入工黨。工黨首相拉姆齊・麥克唐納希望湯姆森入閣，因此將湯姆森升為卡丁頓湯姆森勳爵（男爵），並任命他為空軍大臣，負責（最近成立的）航空部。

往返大英帝國不同地區的旅行非常艱難。政府一直很想開發飛船計劃，以縮短人和資訊從帝國各個殖民地（其中最重要的是印度、澳洲和加拿大）抵達的所需時間。一九二二年，維克斯公司提出了著眼於連接大英帝國的商業飛船開發計劃。最初的計劃（以其創始人丹尼斯通・伯尼命名，稱為伯尼計劃）涉及由維克斯公司建造和營運的六艘飛船。[5]政府支持這項計劃，並任命了一個顧問小組來審查細節。這個小組成員包括創始人以及湯姆森勳爵。

湯姆森對伯尼計劃心存疑慮。他擔心這會授予維克斯（提出這項計劃的私人公司）對飛船營運的有效壟斷權，而犧牲的卻是納稅人。此外，湯姆森還覺得位在卡丁頓（他的選區）的國有皇家飛船工廠可以生產出比維克斯提議的更好的飛船。一九二四年初，當湯姆森接管航空部時，他終於有機會將他的假設付諸檢驗。[6]

他拒絕了伯尼計劃，然後以帝國飛船計劃取而代之。根據協議，政府會資助研發兩艘飛船，一艘由皇家飛船擔保公司（維克斯的子公司，由伯尼管理）負責，另一艘由卡丁頓的皇家飛船工廠負責。媒體並沒有忽視其中一個製造商是私人企業，而另一個是政府的這件事。這項計劃很快就被貼上政府與私營公司之間的競爭標籤，維克斯的飛船（R100）被稱為「資本主義飛船」，而皇家飛船工廠的飛船（R101）被稱為「社會主義飛船」。[7]

這兩艘飛船的目標是在一年內完成，並計劃在六個月後進行試飛。這兩艘飛船都沒有達成這個目標。

由於卡丁頓的飛船開發符合政府的既得利益，大眾的監督檢視是無止盡的。持續的監督也代表著皇家飛船工廠的核心目的變成了提供關於R101令人驚奇（儘管未經測試）的水準的正面消息。確實，許多優秀人才齊聚一堂來實現這個（愈來愈不可能的）願景。但技術上的挑戰很快就變成了政治上的挑戰。審查來自政治光譜的各個層面——那些因R101的失敗有既得利益的人與那些因R101的成功有既得利益的人。[8]

湯姆森就處在這一切當中。湯姆森對這項計劃如何發展有著自己的願景，他相信兩個競爭對手之間共享的資訊能夠讓最終成品，特別是政府版本，將比單靠私營公司能夠做到的更為出色。湯姆森的個人信譽就是其中的核心。他在卡丁頓的工程師中是公認的「傲慢」。[9]

在政治方面，人們隨後見證了這艘飛船的幾次宣傳噱頭，湯姆森勳爵也參與了十月底的第二次飛行。第三次飛行在喬治五世國王和瑪麗皇后的觀看之下，於十一月初飛越過桑德林漢姆宮。[10]這些試飛產生了許多嚴重的技術和安全問題。儘管其中一些試飛載有多名乘客，但仍然進行著修正。湯姆森發起了一次讓一百多名國會議員搭乘的飛行，這又是一次宣傳噱頭。由於活動報名人數超額，飛船無法容納那麼多名乘客，於是飛船停在桅杆上，而官員們被邀請登上飛船參觀。這些早期的飛行進展並不順利。

在卡丁頓發生這些事的同時，維克斯團隊完成了R100（資本主義飛船）。R100於一九三〇年七月下旬飛往加拿大，並於一九三〇年八月中旬返回。卡丁頓的團隊必須在同一年進行飛行，否則會有丟臉的風險。[11]

出於政治（而非技術）原因，航空部制定了R101在十月初飛往印度的首航時間表。除了挽回面子之外，飛往印度的航行還安排在倫敦召開帝國會議期間。在計劃啟程的前二天，這艘飛船取得了適航證。

一九三〇年十月四日，R101從卡丁頓啟程，行經埃及，前往喀拉蚩。卡丁頓的湯姆森勳爵站在飛船上等待出發，他的名聲與R101的成功息息相關。對於這一切的成真他功不可沒，並確信這次飛行會成功。他期待在伊斯梅利亞安排好的晚宴。斯溫菲爾德以一種特定的風格寫道，支撐晚宴的食物和材料重量很龐大，但「那天晚上啟航的自負重量是未知的」。[12]

起飛八小時後，R101在法國北部的博韋墜毀。在四千四百英里的旅程中，飛船只行駛了二百英里。四十八人死亡，包括湯姆森勳爵在內。有兩名倖存者不久後在醫院因傷重不治身亡。傷亡人數比一九三七年著名的興登堡號空難還多。這場空難導致帝國飛船計劃立即終止。大英帝國對這種航空旅行形式的野心也隨之終止。隨後，R100也同樣被報廢。後來的評論者也認同，雖然R100是工程設計上的勝利，但相比之下，R101重量過重且動力不足，無法實現其設計目的。[13]

湯姆森與設定的目標

斯溫菲爾德詳述中的多項說法都指出，湯姆森的野心是導致這次墜毀的一項主要因素。他提出了空軍指揮官維克多．戈達德爵士（Sir Victor Goddard）的一封信，信中指出湯姆森渴望成為印度總督，他認為在帝國會議結束之前從印度返回這件事很重要，藉以展示他的能力和管理實力。戈達德爵士的想法是，這種「個人虛榮心」直接促成了許多決定，而這些決定直接導致了這場災難。[14]從這個角度來看，許多帶有錯誤的決定似乎直接歸因於湯姆森和航空部。

R101的故事在幾個方面對我們的目的具有啟發意義。但最主要、最重要的一點是，設定目標並在實現時擁有自主權的重要性。在湯姆森負責航空部之前（並擁有自己從軍事活動中獲得的經驗可供借鑒），伯尼計劃幾乎把飛船的設計和建造權授予維克斯子公司（由伯尼指揮）。湯姆森明確指出了他在建造細節方面對私人組織缺乏影響力，這促使他採取額外的步驟將開發引進內部。帝國飛船計劃實施後，交付窗口立刻被設定為一年，這是一個極其樂觀（有些人可能會說無法實現）的目標。[15]延遲至一九二九年可以說部分歸因於一九二四年末保守黨政府執政，並由新任空軍大臣（山繆．霍爾，在伯尼計劃期間曾負責過航空部）接管。但無論如何，目標已經設定，但未能達成。

最終，當湯姆森於一九二九年初接管航空部時，他制定了另一個遠大的目標，也就是在一年多後的下一次帝國會議期間進行飛行。會議是定期的集會，每兩年左右舉行一次，因此，對湯姆森而言，在重要人物面前宣揚他的巨大成功非常重要——這直接助長了他的個人抱負。然而，請注意，這個目標是為了實現這些理想抱負而設定的，團隊中的許多人都接到不適當的指示去跟著做，否則將面臨嚴重的職業影響。再一次，設定了目標但未能實現（在最悲劇的情況下）。但這個目標是為了實現湯姆森的野心，而不是為了創造一艘優秀的飛船。[16]

這說明了目標設定和自主權的重要性。為直接、即時的目標而付出努力要簡單得多，並且更容易思考和執行。例如，你可以想像一下自己感到飢餓，然後付諸努力到廚房為自己做頓飯。這個行動會立刻獲得回報；我餓了，我採取了一些行動，現在我不再感到餓了。我們總是在做這樣的事情，對眼前的需求做出反應，並努力實現它們。請記住我們簡單的決策模式：

- 如果回報大於付出，就會採取行動。
- 如果付出大於回報，就不會採取任何行動。

但是，對於願望和實現這些願望所需的努力呢？對於我們自己生活中的R101呢？根據我們在前面幾章中探討的行為見解，需要意識到的是，為了實現願望而採取的行動不一定會帶來立即的短期回報。這裡指的是，為了追求願望或長期目標所付出的努力成本並沒有直接得到任何補償，這使得行動變得難以進行。

設定目標有一個重要的功能——它幫助我們意識到自己的願望。我們在任何特定時候採取行動所獲得的獎勵主要是心理上的。如果我們能在過程中給予自己心理上的獎勵，那麼將願望落實到日常行動中就會變得更容易。或者更具體地說，如果你明白並採取行動，沒錯，儘管將本來可以花在一杯咖啡上的錢存入退休金中在當下會有點痛苦，但這是為了實現提早退休的願望，因此，不必再工作的未來獎勵足以抵銷你目前缺乏的咖啡因。這顯然是極度簡單化的例子，但它讓人們理解這是怎麼一回事。

目標設定的科學

在一項關於目標設定如何影響行為的示範性實驗中，研究人員研究了鹿特丹伊拉斯姆斯大學（Erasmus University in Rotterdam）一千多名一年級大學生的行為。[17]學生的行為具有示範式和實用性，因為學生在學習過程中付出了相當大的努力，這種努力並不總是內在動機驅使的——人們可能不是在學習他們真正熱愛的東西，而是在做一些更像是為了達到目的的手段。除此之外，學習是困難的——即使你喜歡這個科目！這對大一新生來說更是如此。在第一年的課程大多是必修課，因此學生的內在學習動機可能很低。

在實驗中（更廣泛地說在伊拉斯姆斯大學），學生被指派一位導師。這些導師是與實驗對象同一課程的高年級學生，由大學支付費用來指導大一學生。導師通常監督約十至十五名學員，並有義務與他們會面。他們的角色是成為大學的聯繫點，同時也提供學習技能並監督學生的動機。

研究人員進行了一次有趣的干預，隨機挑選了一組導師，要求他們詢問他們的學生是否對正在學習的課程在心中設有目標，若沒有，則要求他們為即將到來的學期設定一個目標。其他導師不知道這個干預，在沒有要求學生設定目標的情況下繼續履行他們的導師職責。

學生被問到一個非常具體的問題：設定一個在他們正在修讀的課程中達到特定成績的目標。基本概念是將目標從模糊和不明確（在經濟學入門課程中表現良好）轉向明確及可衡量（在經濟學入門課中獲得九十分）可以提升表現和努力。[18]實際上，長期研究發現，當提供個人具困難度但可實現的目標時，效率和產出會增加。[19]這背後的心理學很簡單：設定目標，以及為實現目標所付出的努力是有激勵作用的。還記得之前提到的長期目標會出現的問題嗎？這個想法是，當我們為實現（可達到的）目標而付出努力時，心理上的獎勵會彌補努力的成本。這正是長期目標能夠提高表現的原因。一些科學家稱此為「成就感」。[20]

這項研究要求伊拉斯姆斯的學生們為自己設定一個目標。學生可以自由設定他們想要的任何目標，也可以不設定任何目標。研究人員發現到明確的證據表明，設定目標可以提高成績：被要求設定目標的學生更有機會表現得更好，放棄課程的可能性更小。當然，這裡的目標是學生根據他們認為**可實現的**目標而設定的，這與湯姆森勳爵在建造**R101**時設定的無法實現的目標形成鮮明對比。設定一個可實現的目標非常重要。設定無法實現的目標會導致不良結果。

然而，伊拉斯姆斯的研究人員又增加了一個額外的轉折。大多數導師被告知要求他們的學生設定一個目標。但有些人被指示要更勝一籌，幫助學生設定他們的目標。對於那些認為自己的學生可以做得更好的導師們，他們要求導師提出更具野心的目標。他們指示導師要求學生設定一個比學生自己設定的目標再更高一級的目標。值得注意的是，並非每個學生都接受這個提高的目標（事實上，研究人員指出接受率約為百分之五十）。即便如此，他們發現那些被要求設定更高目標的人表現得比被要求單純設定目標的人還要差。他們發現這些學生的表現與那些根本沒有設定目標的學生差不多！

目標設定的重要性在學術文獻中由來已久。[21]但目標的可實現性問題是近年來的一個新的補充。相關文獻討論了自我設定目標與指定目標的重要性。[22]這項工作的主要觀點是表明目標會影響行為並激發努力，特別是當目標是明確的、可衡量的及可實現的時候。事實上，喬治・杜蘭首先提出了一套廣泛使用的目標設定標準。他指出，為了提高績效，S.M.A.R.T.原則——即明確的、可衡量的、可實現的、有關聯性以及有時間性（或及時）的目標——是最好的。[23]

S.M.A.R.T.目標中的每個字分別是：

- 「明確的」（Specific）部分指的是目標的明確性。回想一下飛船競爭——目標是改善大英帝國的交通，證明公部門比私人部門更好，還是在飛船設計上的創新？我不知道。參與在其中的團隊也不知道。這是一個問題。當思考「明確性」時，要想到「W」問題——何事、何地、為何、何人？

- 「可衡量的」（Measurable）目標是指你的目標很容易量化。你希望減掉多少體重？你需要打多少通電話？正如那些大學生一樣，你的目標是達到幾分？
- 如上述所提，設定一個可實現（Achievable）的目標非常重要。如果設定的目標太困難，你就等於沒設定一樣。在設定目標時，最好是把目標設定低一點，然後在實踐過程中逐步提高，而不是設定過高的目標，然後失敗。
- 確保目標的關聯性（Relevant）是觸發你內在動機的一種方式。在考慮關聯性時，問問自己，你的目標是為了什麼——它如何符合你的願望？它是否與你其他的目標、渴望、需求相符？如果你需要將其他人納入你的目標，你是否考慮了他們的意願和需求？回到本章開頭的故事，湯姆森勳爵的目標對他自己有高度的關聯性，但對他的員工可能不那麼有關聯。
- 有時間性（Time-bound）的目標是具有終點的目標。如果你想要減肥，但沒有設定減多少和時間的截止期限，就很容易像我們之前看到的那樣，把困難的決定推遲到明天。但有時限的目標也與可實現性有關。如果湯姆森沒有設定那麼短的截止期限，R101可能會成功。我們也知道我們有多麼容易陷入計劃謬誤——作為一個好的經驗法則，我喜歡想像我認為完成某件事需要多久時間，然後再加一半。因此，舉例來說，如果我認為我可以在一個月內完成，我會給自己六個星期的時間。

總而言之，我們的S.M.A.R.T.目標不應該像「減肥」這種模糊的東西（我們稱之為「願望」）。而應該是「我想要每週去大街上的健身房兩次，打算使用划船機十五分鐘、交叉訓練十五分鐘，並在重訓室做半小時運動。三個月後，當我要去馬拉加度假，必須穿上泳褲時，我的目標是減掉三公斤。」

設定目標對於決策思維非常關鍵。雖然野心和突破自我很重要，但實事求是也同樣重要。因此，雖然你可以容易地為自己定下「兩週內減掉九十公斤」或「我想在三十歲時變成百萬富翁」的目標，但這些目標的困難度和無法實現實際上會使它們失去動力。請記住，目標背後的理念是，在你為目標付出努力時提供心理上的獎勵。這種獎勵用於彌補你所做的精神或體力上的努力，這種努力（根據設計）不會帶來任何中間獎勵。從這個角度來看，你可以很容易地理解目標需要明確（即你能將你的行動和目標連結起來），並且是可以實現的（你的行動應該要是重要的）。

在總結之前還有最後一點。你自己設定目標的重要性在這裡非常關鍵。如果別人為我們設定的目標符合以上標準，這個目標還是具有激勵作用的，但這個獎勵也是類似於外在獎勵。如果主管為我們設定一個目標，我們合理地期望在提供了達成目標所付出的努力證明時會獲得獎勵。正如我們在第三章中所看到的，獎勵不一定是物質的，管理者的一句簡單的鼓勵話語就能帶有激勵作用（社會獎勵）。然而，如果我們為自己設定一個目標，心理上的獎勵仍然是內在的，因此具有內在激勵作用。我們將在第八章更深入探討這一點，但在這裡的重點是，這種心理獎勵用於補償付出努力的過程隨之而來的痛苦。當我們為了達到目標和願望而付出愈來愈多時，我們需要額外的動力來源，因此，可以尋求朋友和家人的支持（社會獎勵），或可以給自己一些獎勵（物質獎勵），但在最基本的層面上，為自己設定一個合理的目標是必要的第一步。

湯姆森勳爵和那個糟糕的、可怕的、不好的、非常爛的目標

湯姆森勳爵死於飛往印度的**R101**飛航上，並連同帶走了許多人。我們從他的故事中學到的教訓是野心和傲慢，但同時也有強迫人們遠遠超出他們的能力。湯姆森對他的飛船遠遠要求太多，即使他周圍的人試圖告訴他做得太過頭了。[24]然而，**R101**的悲劇遠遠超出了人員喪生的範圍。它結束了一項可能對我們當今的生活方式和對環境的影響來說舉足輕重的計劃。事實上，由於當代航空旅行的巨大碳足跡，人們正在努力重新審視可能比航空旅行更環保的輕航空器——飛船可能會重返我們的天空。

湯姆森勳爵構想了一個未來，他的個人目標（成為印度總督）只有透過替他人設定更高、更

困難的目標才有可能實現。在R101飛行八小時後，湯姆森勳爵的夢想終結了。大英帝國對輕航空器旅行的興趣也終結了。也許他最大的罪行就是夢想太大了。正如我們從證據中看到的，設定一個無法實現的目標與完全不設定目標一樣糟。

雖然發生了這麼慘烈的悲劇，但最終也有取得一些驚人的成就。長途、商業上可行的航空旅行的可能性在相對較短的時間內實現了。R100確實取得了成功，在構思的十年內完成了三千三百英里的旅程。斯溫菲爾德寫道，有些人認為，若不是天氣的關係，R101也會獲得類似的成功，又或許再給它多一點時間，可能會改變我們現今對航空旅行的體驗方式。[25]然而，湯姆森勳爵漏掉了一個重要的心理問題。為了使目標具有激勵作用，人們為了實現目標所採取的行動必須獲得獎勵。如果一個人認為設定的目標是無法實現的，那麼為實現目標而進行的行動會被視為徒勞。雖然付出了努力，但沒有可感知的獎勵來補償這份努力。在接下來的時間裡，人們將尋求更進一步減少或消除努力，以最大程度地來實現他們的成果。

將這一點與我們的框架串連起來，在本書的最後，我們將設定明確的S.M.A.R.T.目標。但現階段，請先記住，你設定的目標將直接貢獻到決策分類框架中。因此，有助於貢獻目標（也就是，你的願望）的決策將稱之為高影響。同樣地，對目標沒有貢獻或不會為我們帶來實質貢獻的決策將被歸類為低影響。對我們來說，重要的是做到兩件事：確定我們可以增強內在獎勵的領域，進而增加努力。同等重要的是，我們需要從其他決策領域中釋放資源，以便我們能夠有效地將我們的努力投入在其中。

重要的是要記住，沒有「白吃的午餐」。我們不該努力去變出努力，而是應該將它從目前對我們的福祉沒有貢獻的活動中，轉移到對我們的福祉有貢獻的活動中，無論是現在還是未來。我們將用這個方法來確定哪些決策對你的願望和目標具有影響力。

小方塊：輪到你了！

作業＃6

在這個練習中，我希望你回想一下你為自己設定的目標，任何目標，但未能實現的經驗。我希望你盡可能地具體描述寫下來，然後思考我們先前討論過的S.M.A.R.T.目標框架。你有看到任何失誤嗎？有什麼地方是可以改進的呢？

你的願望：

你的目標是什麼（明確一點）？

你的目標明確嗎？何以見得？	
你的目標可衡量嗎？你如何衡量進度？	
你的目標可以實現嗎？為什麼會怎麼認為？	
你的目標有關聯性嗎？它對你的願望有何幫助？	
你的目標有時間性嗎？你的時間安排是什麼？	

現在你已經完成了這個表格，我希望你花一點時間修改目標，就好像你今天就要實現它一樣。你會如何建構和調整目標，使它遵循S.M.A.R.T.框架？

你的願望：

說出你的目標

你的目標明確嗎？
何以見得？

你的目標可衡量嗎？
你將如何衡量進度？

你的目標可以實現嗎？
為什麼會怎麼認為？

你的目標有關聯性嗎？
它對你的願望有何幫助？

你的目標有時間性嗎？
你的時間安排是什麼？

參考資料：

Swinfield, John. *Airship: Design, Development and Disaster*. Conway, 2013.

Masefield, Sir Peter G. *To Ride the Storm: Story of the Airship R101*. William Kimber, London, 1982.

Van Lent, Max and Souverijn, Michiel.'Goal setting and raising the bar: A field experi- ment.' *Journal of Behavioral and Experimental Economics* 87 (2020): 101570.

Locke, Edwin A. and Latham, Gary P. *A Theory of Goal Setting & Task Performance*. Prentice-Hall, Inc, 1990.

Latham, Gary P. and Locke, Edwin A. 'Goal setting—A motivational technique that works.' *Organizational Dynamics* 8, no. 2 (1979): 68–80.

Gómez-Miñambres, Joaquín. 'Motivation through goal setting.' *Journal of Economic Psychology* 33, no. 6 (2012): 1223–1239.

Latham, Gary P. and Yukl, Gary A.'E□ects of assigned and participative goal setting on performance and job satisfaction.' *Journal of Applied Psychology* 61, no. 2 (1976): 166.

Shane, Scott, Locke, Edwin A. and Collins, Christopher J.'Entrepreneurial motivation.' *Human Resource Management Review* 13, no. 2 (2003): 257–279.

Suvorov, Anto and Van de Ven, Jeroen. 'Goal setting as a self-regulation mechanism.' Available at SSRN 1286029 (2008).

Koch, Alexander K. and Nafziger, Julia. 'Self-regulation through goal setting.' *Scandinavian Journal of Economics* 113, no. 1 (2011): 212–227.

Koch, Alexander K. and Nafziger, Julia. 'Goals and bracketing under mental accounting.' *Journal of Economic Theory* 162 (2016): 305–351.

Anderson, Shannon W., Dekker, Henri C. and Sedatole, Karen L.'An empirical examination of goals and performance-to-goal following the introduction of an incentive bonus plan with participative goal setting.' *Management Science* 56, no. 1 (2010): 90–109.

Hollenbeck, John R., Williams, Charles R. and Klein, Howard J. 'An empirical examination of the antecedents of commitment to di□cult goals.' *Journal of Applied Psychology* 74, no. 1 (1989): 18.

Doran, George T. 'There's a SMART way to write management's goals and objectives.' *Management Review* 70, no. 11 (1981): 35–36.

第七章
為什麼你不能像其他人一樣？
——建構回饋

關鍵要點——步驟二：檢查

一九五一年，賓州斯沃斯莫爾學院（Swarthmore University）。一位中年科學家快步走上台階，來到他的實驗室。他在四年前搬到斯沃斯莫爾，但仍時不時迷路。不過，今天是令人興奮的一天，他不想遲到。他已經跟他的團隊做了簡報，他認為他們很清楚知道自己需要做什麼，但他會再次與他們一起討論協議讓自己安心。在每次進行研究的日子裡，他都會感到興奮，他想確保一切按計劃進

行。在實驗室中進行人類受試者的工作總是很有趣，但也有很多事情可能會出錯。他思忖著，這有點像演出一場戲。當他經過派瑞許大廳時，稍微想了一下是否要去辦公室，接著他繼續前往實驗室。這位科學家不是別人，正是所羅門．阿希（Solomon Asch）。

在他即將走進他自己的大樓時，他腦海中閃現自己七歲的時候。在波蘭沃維奇，一九一四年四月，逾越節。家裡的每個人都很緊張，但他不確定為什麼。家庭爭吵時不時發生，近幾個月來，餐桌上的談話變得愈來愈激烈，但他對這背後的地緣政治原因和日益漸增的戰爭鼓聲毫不知情。他的目光掃向桌上的一杯酒，感到好奇，他的叔叔問他是否知道這杯酒是給誰的。他搖搖頭。

「這杯酒是給先知以利亞的。在逾越節他會造訪每一個猶太家庭，然後喝一口為他準備的杯中酒。」

所羅門記得自己對此深感著迷。他發誓要一直盯著杯子，以便在先知來喝的時候能夠看一看祂。他注視著杯子，但始終沒有人來；沒有人碰它。但是他問的每個人都告訴他，這酒是給先知的。他目光銳利地一直盯著杯子，雖然他沒有看到任何人，但他最後還是覺得酒好像真的少了一些。他很傷心，也很困惑，因為他錯過了看見以利亞的機會。

在學院大樓的階梯外，所羅門暗自發笑。當然，以利亞未曾來過，但他可以發誓，杯中的酒已經被喝了一口。當天他將要進行的研究或許能回答這麼一個問題：為什麼他能夠無視自己感官的證據，而相信他叔叔和家人告訴他的故事。

所羅門．阿希在他十三歲時與家人一起從祖國波蘭搬到紐約。他是一個安靜、害羞的男孩，他和許多其他移民家庭一起在紐約下東城區長大。一開始，他掙扎於說英語。他的一小群朋友圈會親切又戲謔地叫他「Shlaym」，在意第諸語中是「痰」的意思。也許正是因為他的英語能力比較差，這使得他多年來與家人保持著親近的關係。但這也讓他變得非常內向——他對人們如何做出決定很感興趣。他的許多心理學家同事都有著類似的故事。[1]

所羅門．阿希在腦海中回顧這項研究。他邀請了大約五十名男學生參加。這項特定的研究建立在先前關於人們如何處理視覺線索和資訊的研究基礎上。阿希想知道人們在他人面對和影響下會如何做出決定。

阿希從小就對人類行為極有興趣，儘管他最初念的是人類學。他就讀於紐約哥倫比亞大學，於一九三〇年獲得碩士學位，並於一九三二年獲得博士學位。在這個過程中，他深受格式塔心理學家馬科斯．韋特墨（Max Wertheimer）影響。[2]韋特墨成了他的好友，雖然在阿希進行這項研究的時日，韋特墨已經過世一段時間了，但所羅門的思緒常常轉向他們之間的各種對話。他要感謝韋特墨讓他得以走到今天這一步。

這些流程需要大量的準備，遠多過於他以前做過的任何研究。核心是一個簡單的概念。參與者要坐在一個房間裡，在一個事先規劃好的距離觀察畫架上的一張紙。在紙的左側有一條特定長度的垂直線。右側是三條不同長度的垂直線，編號從一到三。八名參與者被帶入房間坐在畫架對面。一名助手負責進行這項研究並大聲朗讀指示，讓所有人都聽得到。指示為，參與者的任務是辨識出三條垂直線中最接近左側的那一條。參與者的編號從一到八，每次試驗（也就是每張紙，因為每張紙都有著不同尺寸的線條），參與者都要大聲清楚地說出長度最接近的線。助手負責記錄答案。[3]

設定很簡單，但由於它有一些不同變化的部分，所羅門感到緊張。「你總是在活動之前這樣，」在踏進實驗室時，他自言自語道。參與者進來了，並且被告知他們正在參與一場視知覺測驗。在每回測試中，那三條線的差異是足夠明顯的，任何人只要稍微注意一下就應該能在瞬間確定正確的答案。設置這麼簡單的任務是很重要的，以排除任何替代性的結論。

助手接到嚴格命令要保持中立地進行實驗，也就是他不能讓參與者知道這項研究的真實性質——他們並不是真的在測驗參與者的視力。一點都不是。

進入實驗室後，迎接阿希的不僅有他的助手，還有其他七個同夥。這幾個同夥也是這項研究的一部分。阿希想知道的是，當人們對多數一致意見持反對聲音時，他們會如何反應。七個同夥接獲指示要故意在試驗中提供錯誤的答案。阿希預測，真正的參與者會忽略他們自己的感知，即使在這麼簡單的測試中，他們也會提供錯誤答案來順應群體。就像年輕的所羅門．阿希一樣，他們會覺得以利亞確實有喝一小口杯中的酒，只因為每個人都這麼說。

所羅門指示同夥們在測試期間該如何行事。由於有五十位獨立參與者，流程需要花一些時間，重要的是，每次流程都與先前的流程相同。

一旦給予指示並開始進行，除了等待每次流程結束，然後詢問參與者情況外，沒有什麼要做的。這裡的詢問指的是，在結束後與參與者坐下來，解釋研究的真正目的，並詢問他們為什麼做出這樣的決定。

阿希可能意識不到他的研究將在社會心理學領域中產生影響。從他童年時期引起他興趣的一個好奇心，促成他今日正在進行的研究，但他並不確定結果會是什麼。他與一個又一個參與者交談，分秒過去，他變得愈來愈興奮。

你看，就像任何一個好的實驗一樣，阿希也有一個對照組。對照組遵循完全相同的規則，但他們必須以書面形式提交答案，這樣就不會受到影響。結果表明，對照組的答案準確率達到百分之九十九，這顯示出這項任務的簡單性。

然而，當要求大聲回答時，這個準確率便下降至百分之六十八。[4]相當於一部分的人為了與群體中的其他人保持一致而給出錯誤的答案。約三分之一的人至少有一半的次數提供了相符於大多數意見的答案，而約四分之一的人從未給出過錯誤答案。

這真是不可思議的事！參與者忽略了眼前明確的證據，屈從於多數人的意見。當阿希問及他們為什麼這麼做時，一名參與者表示，那是因為他被安排在中間回答。如果是第一個回應的人，他的回答就會有所不同。

另一個極端，參與者總是給出正確的答案。當阿希問及他們原因時，他們說他們無法克制自己，他們必須給出自己認為正確的答案，但他們懷疑自己是否受到了其他人並沒有受到的錯覺之影響。

阿希感覺這些都是重要的發現，但他無法預見這些對從眾研究（study of conformity）和現今所謂的社會規範研究有多重要。多數意見的壓力通常足夠強大到讓許多人即使知道並相信這麼做是不對的，但他們還是會屈從。

阿希進一步思考如果他調整規則，結果可能會有什麼變化。他首先將真正的參與者從一個改為兩個，這麼一來參與者就有了一個夥伴。他發現，錯誤率從單一變異的百分之三十二下降到合夥變異的百分之十點四，這表明了參與者對另一個不同意見的存在很敏感。在另一個參與者條件的變異中，一個同夥被要求自始至終提供真實答案。當情況發生時，錯誤率進一步下降至百分之五點五。[5]

阿希的發現對社會心理學做出了極其重要的貢獻。更重要的或許是，對於建立決策思維而言，它們強調了回饋的重要性，無論是根據我們自己的感知還是他人的感知或回饋。這些實驗之所以驚人，正是因為人們願意捨棄證據而屈從於群眾。此外，參與者的動機也很顯著。有些自認為是正確的人總是給出正確的答案，完全無視社會壓力。對於其他人來說，即使他們自認為是對的，他們也願意附和大多數人的意見。但是，一旦有一個人願意附和，這種效果就會產生巨大的變化。即便只是一點點地準確回饋，也足以將人們引向正確的道路。

建構回饋

當努力追求目標時，動機和信念的作用很關鍵。雖然努力本身可能是有回報的，但將你所做的努力與追求目標的進展聯繫起來會很有幫助。這種進展是以回饋的形式呈現。回饋不需要過於複雜。如果你的目標是存錢，查看存款帳戶中的金額就是一種很好的回饋。

我們可以就此打住，但就像目標一樣，有很多可以增進你收到回饋的方式。回饋在有基準點或與某些事做比較的情況下會更有效。以儲蓄為例，你可能在心中已經有一個希望在十二個月內（從一月到次年一月）想要存下的金額。為了便於討論，我們假設它是一百二十英鎊。很明顯地，你知道如果要達到目標，你需要每個月存下十英鎊。到了夏天檢查時，如果你只存了三十英鎊，你就得想想辦法了！這是很憑直覺的。然而，正如我們所看到的，這種類型的回饋可能是危險的，會帶來積極和消極的影響。另一種類型的基準是我們在阿希的實驗中所看到的；這是關於比較你與他人的成果。在本章中，我們將重點討論如何建構回饋。

在第六章中，我們學到如何設定目標以提供方向和動力。請記住我們簡單的決策規則：

- 如果回報大於付出，就會採取行動。
- 如果付出大於回報，就不會採取任何行動。

為了實現願望而付出努力需要某種形式的獎勵來抵銷在此期間的成本。為了支持願望而付出努力賦予了努力的目的或方向感。這種目的感本身就是一種激勵，因為它可以視為一種小小的回報。

在第三章中，我們討論了如何透過內在動機賦予任務目的來增加努力。[6]意思是說，當我們正在執行的任務與正向結果（無論是現在或未來）有了連結時，我們會產生內在（心理）獎勵，這有助於抵銷努力的成本。明確定義的目標可以讓我們透過目的和成就來獎勵我們的努力。

當我們搞清楚這一點時，舉例來說，我們去健身房不再是因為我們喜歡這件事，而是因為這個行動符合更廣泛的目的和功能，我們將在未來獲得回報。此外，在第四章中，我們討論了「現時偏誤」的概念，即現在的獎勵比未來的獎勵看似更大。如果我每次去健身房時都能變成一個擁有完美六塊肌的男人，那麼我可能會更加頻繁地去，即使我的六塊肌維持的時間相對較短。但在現實生活中，獎勵是延遲的，六塊肌不會立即出現。而因為我們往往更喜歡立即的獎勵而不是之後的獎勵，所以我們會選擇去甜甜圈店，而不是去健身房。

那我們能做些什麼呢？首先，設定一個願望和一個目標，每次我為此付出努力時，都會帶給我一股快樂的感覺。第二點是，這種快樂的感覺可能還不夠，而且很快就會消失。這兩點合在一起往往會導致我們展開了很多計劃，但無法堅持下去。我們需要做的是以這樣一種方式來建構事件，使得即使距離最終的回報（目標／願望的實現）還有很長的路要走，獎勵仍會不斷增加。

許多行為科學家給的一個建議是，在達到目標的過程中，在其間建立小而一致的步驟有助於我們實現目標。在普遍的自我發展文獻中，像BJ．福格（BJ Fogg）這樣的作者在他的《設計你的小習慣》（*Tiny Habits*）一書中對微小的變化如何導致習慣的養成，進而成為持久的行為改變有著精湛的見解。[7]詹姆斯．克利爾（James Clear）的暢銷書《原子習慣》（*Atomic Habits*）以及凱蒂．米爾克曼（Katy Milkman）的《零阻力改變》（*How to Change*）書中也有類似的見解。[8]這些見解背後的想法很簡單——但要實行這些改變當然是非常困難的。這個策略的運作原理是保持較低的努力成本，要求你做一些簡單的事情，像是每天做二下伏地挺身，然後在克服最初的努力後逐步增加步驟。這些書籍通常以大致相同的方式建構獎勵。每次你付出努力，你都會獲得心理上的獎勵。隨著時間推移，獎勵維持不變，但所需的努力變少了，因此習慣得以維持下去。整體來說，這是一種很好的方法，這無疑對某些人是有用的。

在建立我們的決策思維時，這裡的想法要簡單得多。我們許多人都朝著明確的願望努力——寫一本書，攀登一座山，變得更健康——但並不想完全改變我們的行為與習慣。意思是，對於我們許多人來說，改變會停在半途，因為我們不見得想要為了達成某個願望而改變自己。我想變得更健康，但我真的不想每天做許多下伏地挺身或去跑馬拉松。想要實現一個願望和想要養成一種習慣之間是有差別的。我們正在為前者建立一個系統。我很想看到關於那些在二〇一八年讀過詹姆斯．克利爾的書、目前仍然每天做上千個伏地挺身的人的數據。我敢打賭，這樣的人並不多。事實上，我猜想能長期堅持「伏地挺身習慣」的人很少。那些堅持下去的人都動力十足，他們可能從伏地挺身中獲得了一些樂趣，因為動力是能夠長時間堅持做某件事的關鍵。

對於積極性高的人來說，小步驟通常很有效。付出少量努力時所體驗到的成就感一般來說可以抵銷努力本身的痛苦。藉著足夠的重複，希望少量的努力能轉化為習慣。基本上，一旦一個行動重複了許多次，我們就不再需要思考它；我們不需要主動決定去做它。這個行動會從系統二式的深思熟慮決定轉變為系統一式的自動決定。對於許多人來說，這似乎很管用，特別是對於那些有足夠動機堅持這個過程的人。然而，想一下這種情況：努力如此之少，以至於實際上並沒有以任何切實的方式促進目標的實現。在這種情況下，「小量但頻繁」的行為改變模式就不再那麼有用了。例如，你不太可能依靠習慣來取得博士學位。它或許能幫助你繼續前進，但你還需要更多的東西。有時候，光靠內在動機是不夠的，你需要其他因素的支持。這正是回饋和社會激勵的領域。

有一系列的實驗測試了習慣對目標追求的影響。[9]基本理念源自於行為變化文獻，也就是習慣是由情境提示自動觸發的重複反應。舉例來說，當你離開家時，你可能有鎖門的習慣。鎖門這個動作是在離開家門時觸發的，但並不是為了保護你的財物而做出的有意識的決定。因為習慣是對情境提示作出反應，而不是對事先規劃的目標作出反應，所以即使意志力、自我控制或動機較低，習慣也能產生相同的結果。這正是為什麼行為變化文獻專注於習慣形成而不是自我控制的原因。一旦落實，由於它們不依賴於動機或慎思，因此可以產生長期的正面影響。

然而，問題出在習慣形成的階段。養成習慣需要大量的時間和連貫性，而對於簡單的任務會比複雜的任務更加有用。同樣地，對於已經有動機的人比沒有動機的人更加有用。決策思維則不同，因為它不著重於習慣的形成。恰恰相反，我們專注在有意識和深思熟慮的選擇來建立我們的行為，幫助實現我們的目標和願望。藉由這種方式，決策框架適用於更廣泛的行動和情況。是的，這需要更多的腦力勞動，至少在短期內是如此。但老實說，困難的事本來就是困難的。正如我所說，你不會只靠著習慣寫出你的博士論文——就算你熱愛你的研究科目，並且真的非常、非常想要成為一名博士。假如說每天在同一時間去圖書館就能養成「博士習慣」的這種說法，是過度簡化了一旦你「出現」在圖書館之後，將開始需要做的認知需求決定。

與此相關的一個心理學理論稱之為「動機強度理論」（Motivational Intensity Theory），該理論認為，對目標的承諾以及付出努力的意願是基於對任務難度的認知、我們完成任務的能力以及付出努力所取得進展的可能性。[10] 換句話說，如果任務太困難，我們根本懶得去努力。同樣地，如果我認為我沒有能力完成任務，那麼我就不會去做。然而，最後一點很關鍵，那就是我需要確信，付出的努力是會獲得回報的，或者有助於實現我的目標。如果我們認為自己的努力沒能實現我們的目標，那麼邏輯上，我可能會停止嘗試。

如果我二十五歲的目標是在三十歲時擁有一百萬英鎊，那麼每天存二英鎊感覺就像是徒勞之舉。確實，我正在一步步接近目標，但我沒有五十萬天的時間，所以我必須大幅增長。二英鎊只是滄海一粟。正如我們所見，目標的挑戰在於它們必須是可實現的。設定微小目標並嘗試逐步提升違反了目標設定的現實主義原則。這意謂著我們可能會放棄，並尋求其他地方來投入我們的努力。事實上，眾多盲從的減肥飲食風潮正是對這種情況的反應。

減肥飲食需要讓我們感覺到自己離目標愈來愈近了。對於一些飲食方法來說，回饋機制（跳上體重機）正好可以造成這種感覺，進而提高了採用率。例如，生酮飲食（超低碳水化合物飲食法）的擁護者可能會堅持這種飲食方式，因為他們能夠相對較快地看到體重的變化，同時能夠吃他們可能原本就喜歡的食物（高脂肪含量）。然而，這種飲食方式一般被認為是難以持續的，因為一旦恢復從前的飲食模式，體重就會回升，大多數人皆如此。或者，思考一下去健身房的情況。在活力滿滿的日子裡，你可能會覺得在跑步機上慢跑五分鐘的目標是如此簡單，以至於它在實質上對變得更健康的目標沒有切實的貢獻（它確實有一點點幫助，你在理性上知道這一點，但在情感上可能感覺不到）。這可能會發生在各種基於努力的任務和目標上，因為我們需要做出一個謹慎的平衡，調整目標和為了保持強烈動機所需要的努力程度。

那麼，我們要如何做到這一點？透過巧妙地利用回饋。當我們踏上追求目標的努力之旅時，對於目標的定義和再定義都需要進行調整。我們需要明白為了實現整體目標而完成各項任務所需的努力程度。那麼，回饋的作用就是為我們提供數據和證據來進行這些調整，確保我們堅持目標並繼續努力下去。或者，更簡單地說，我們需要讓目標變得足夠困難，使我們感覺到自己有所成就，但又不至於困難到讓我們喪失信心。回饋可以讓你確定自己的進展，以及是否需要修正投入的努力或目標結果。此外，回饋本身也可以是有激勵作用的，這取決於回饋的建構方式。

「何時」得到回饋對於動機來說非常重要。回想一下，在第五章中我們討論了「好消息／壞消息效應」的概念。[11]正面回饋可以對動機產生類似的正面影響，而負面回饋則可能產生負面影響，甚至包括完全放棄任務。

這在現實世界中會怎麼發揮作用呢？在一項針對大學生的實驗中，參與者參與了一項涉及多元的複雜任務。[12]在實驗室環境中，研究人員運用複雜任務確保參與者無法自行追蹤自己的表現，他們必須依靠回饋來幫助他們調整自己的努力。參與者被要求在五輪內完成任務，每輪結束時就會給予表現回饋。研究人員記錄了一系列的心理生理測量數據，包括心率活動、血壓、神經系統活動，以及一系列的自我回報數據，如情緒、動機和信心。但是，如往常一樣，實驗中有一個轉折。這個實驗直接操縱了所提供的回饋。一半的參與者在每一輪中都收到了表現指標逐漸進步的正面回饋；另一半則收到了每一輪表現都愈來愈差的負面回饋。

研究人員發現，收到負面回饋的參與者更容易回報負面情緒，並表現出壓力的跡象。此外，相較於收到正面回饋的組別，對於收到負面回饋的組別來說，他們想要結束任務的動力明顯低落許多。同時還觀察到了負面回饋組別的自信心和控制力也有所下降，這與動力降低是相一致的。研究人員表示，心理生理數據的趨勢表明，那些面臨重複失敗的人正處於脫離任務的邊緣，或者，用外行人能懂的話來說，就是「放棄」。

目前，在研究人員之間，關於在長時間或重複任務中產生的腦力勞動下降是否是由於心理資源耗損造成的這部分，一直存在著爭論。也就是說，我們是否有某種心理資源，一旦耗盡，就意謂著我們無法再控制自己？從歷史的角度來看，這稱為「自我耗損」（**ego-depletion**），我們在第二章關於腦力勞動的內容中已經討論過。相反的論點是，隨著時間的推移，表現下滑並不是由於資源的缺乏（也就是人們即使想要也無法繼續發揮腦力勞動），而是缺乏動機本身。[13]這是一個重要的區別，因為資源耗損的先前理論指的是，無論當時的動機或激勵措施是什麼，人們在過了某個點之後都會有所受限，[14]另一種模式是，隨著時間，動機會下降，因此人們選擇停止努力。最近的證據指向了一種與認知控制相關的內在成本模式，這些成本需要與內在獎勵相平衡。[15]然而，無論是哪種模式，隨著時間的推移，決策都會變得更加困難，因此需要透過動機和獎勵來平衡。回饋是一種調整練習，可以用來增強和提升動機。

那麼，我們該如何建構回饋來提升動機呢？嗯，這取決於——不同的回饋在不同的情境中以不同的方式發揮作用。例如，一項針對警察組織的田野實驗實施了一項「向上回饋」計劃。[16]意思是主管們可以從他們的下屬獲得積效回饋。有些主管被隨機分配接收到書面回饋，而其他人則被要求簡單地自我評估。這項研究的結果令震驚——干預的整體效果並不明顯。此外，他們發現那些對組織改革抱著相當存疑態度的主管們較不可能改進，這表明動機是關鍵的中介因素。那些有動機要改進的人在收到回饋時確實會這麼做，而那些缺乏動機的人則不會。

一項統合分析對現有的所有回饋干預文獻進行了綜述，發現大約三分之一的回饋干預措施對績效表現產生了負面影響。[17]分析指出，回饋具有「心理上的安慰」，但當代價太高時，人們似乎不會尋求回饋——也就是說，那些看似最需要被告知自己偏離軌道的人最不可能尋求告知他們這個資訊的回饋。[18]然而，許多人確實積極尋求回饋，而它也確實產生了正面影響。該綜述提出了一種折衷。當回饋從任務本身轉移到執行任務的個人時，就會產生負面影響。這意指我們應該利用回饋來調整努力，而不是弄清楚能力。例如，如果我們想提升心肺適能，我們最好記錄一下我們跑步花費的時間，而不是我們在這段時間內跑了多遠。我們最好依據前一週或前一個月的跑步時間來自我衡量，而不是與其他跑步者相比較。

對文獻的進一步調查發現，正面和負面回饋對動機有著不同的影響：正面回饋會增強動機，而負面回饋會降低動機。[19]這與前面討論過的好消息／壞消息效應相吻合。[20]我們甚至認為正面回饋比負面回饋更精準和可接受（甚至可付諸行動）。這些感知很重要：個人會接受與自我評價一致的回饋，而那些不一致的回饋可能會導致人們放棄。基本上，從上述的例子可以看出，如果你認為自己在跑步這方面有所進步，而你的回饋也表明了這一點，你更有可能繼續努力變得更好。反之，如果你認為自己在跑步這方面有所進步，而你的回饋說你沒有任何進步，那麼你更有可能會放棄。[21]

近期的研究更深入地探討自我評估和回饋之間的相互作用。在一項田野和實驗室實驗中，參與者被要求在付出努力和收到回饋之前進行自我評估。[22]這項研究表明，那些對自我評估是正面的、並且表現出色的人在後續回饋中顯示出表現水準最高、放棄程度最低。其次是那些自我評估較差、但表現出色的人。換句話說，那些自我評價較高的人最有可能表現得更好，並且最不可能退出這項計劃。這表明了兩件事——首先，擅長於你正在做的事情是有幫助的。其次，如果你對自己的能力沒有確切的認知，即使你收到的是好消息的回饋，你也不太可能在接下來的表現中有所進步。

因此，建構回饋是重要的。很明顯，回饋需要的是讓你有信心，而不是讓你失望。同樣的，從錯誤的人身上接收到回饋也不會有幫助。最終，最好的回饋是告訴你已經知道的事情。而這正好與預期相反，我們原本預期最有幫助的回饋是能夠告訴我們哪裡出了問題。但這裡似乎沒有取得科學上的支持。相反的，最好的做法是了解我們做對的地方，並提供正面的證據來證明我們對自己的信念。基本上，如果你收到的回饋鼓勵你相信自己正走在正確的道路上，你就會繼續沿著這條道路前進。這不是說我們在逃避現實，讓自己圍繞在虛假的資訊。這個意思是指，去衡量評估那些很可能會讓你感到自信的事情。

我們再次看到，為實現特定目標而付出的努力需要透過獎勵來抵銷。內在獎勵的其中一個層面是由動機本身驅動的。如果你有動機去實現你的目標，那麼你為此付出的努力本身就是一種激勵。那足以獲得文獻中所看到的目標設定所帶來的所有正面影響。然而，設定的目標需要遵循某種結構，並且需要是可實現的。可實現的目標是什麼，這很難在事先知道。因此，特別是在早期階段，我們需要對目標和我們在過程中付出的努力進行一些校準。正是在這個時候，回饋才真正發揮了作用。回饋告訴我們目標是否可以實現，以及我們所付出的努力是否正在取得進展。我建議，如果回饋反映出我們未能達到目標，不要改變努力，而是要改變目標。你的目標設定得太高了；從長遠來看，更適度的方法會帶來更大的好處。請記住，回饋可能是積極的，也可能是消極的，這取決於我們的信念。研究表明，注重實際是很重要的。如果你不切實際，如果你無法良好的掌握自己的能力，回饋的影響可能會是負面的——它會把我們推回舊有的方式。

阿希的歸阿希

一九五一年，所羅門．阿希在關於社會心理學，以及他人的行為如何影響我們自己行為的精彩實驗，掀起了一場大規模而具爭議性的研究討論。這是一項重要的發現，引發了大量研究，探討人們在群體中的行為方式以及社會認同如何影響我們的行為。阿希繼續擁有精彩的職業生涯，進一步發展了他的工作，並研究人類如何根據一小部分的數據形成對他人的印象。這項工作促成了以下的當代理解，這些理解是關於我們對於人類如何根據過往經驗和感知來填補推論和資訊的空白，並且利用這些資訊來做出決策。正如我們在本章中所學到的，當我們從環境中接收到回饋時，它並不是某種固有的好。如果我們得到錯誤的回饋，就像阿希的那些大學生一樣，它可能會引導我們走向錯誤的道路。我們很快就會拿自己與他人比較，而這幾乎沒有幫助。

回饋很少是客觀的，它通常以我們自己的內部參照標準或其他人設定的參照標準作為比較基準。要具有激勵作用，正面回饋比負面回饋更有機會發揮作用，特別是在目標追求的早期階段。因此，透過信任的夥伴或保持較低的期望來增強回饋是很重要的。

此外，回饋的時機點也很關鍵。就像第一次運動後立即跳上體重計會產生誤導一樣，在錯誤的時間或使用錯誤的來源來建構回饋可能會產生相反的影響並且導致放棄目標。尋找你信任的人來幫助你在早期階段建立回饋很重要，這樣你才能有效地管理期望。實際上，這是說不要太早尋求回饋；給自己時間取得進展，並為自己提供其他獎勵得以繼續前進。

下一個章節將集中在**建構獎勵**這個主題。這個主題對於堅持目標有著決定性作用的最後一個面向。一旦這個最後一塊拼圖就定位，我們將開始討論「決策框架」，並將我們所學到的一切以實用和可持續的方式整合在一起。

小方塊：輪到你了！

作業#7

在這個作業中，讓我們專注於何時要尋求回饋。就像上一章一樣，想一想你為自己設定但未能實現的目標。你是否曾以任何方式尋求關於這個目標的回饋？你覺得這會產生動機還是會使人失去動力？

想一想你最近一次收到回饋的時間。或許最常見的情況是工作中令人害怕的「績效評估」。想想我們在本章中學到的一切，仔細想想它是否管用。回饋很可能會集中在你需要改進的地方。正如我們已經理解的，這並不是特別有用。

你的願望：

你的目標是什麼（明確一點）？

______

______

______

你的目標可衡量嗎？ 你將如何衡量進度？	
你什麼時候尋求回饋？	
你對自己的進步滿意嗎？ 為什麼或為什麼不？	
如果你可以重來一遍，你會 怎麼更改收到回饋的時間？	

參考資料：

Ceraso, John, Gruber, Howard and Rock, Irvin. 'On Solomon Asch.' *The Legacy of Solomon Asch: Essays in Cognition and Social Psychology* (1990): 3–19.

Asch, Solomon E. 'E□ects of group pressure upon the modification and distortion of judgments.' *Organizational*

Influence Processes 58 (1951): 295–303.

Corgnet, Brice, Gómez-Miñambres, Joaquín and Hernán-Gonzalez, Roberto. 'Goal setting and monetary incentives: When large stakes are not enough.' *Management Science* 61, no. 12 (2015): 2926–2944.

Gómez-Miñambres, Joaquín. 'Motivation through goal setting.' *Journal of Economic Psychology* 33, no. 6 (2012): 1223–1239.

Fogg, Brian J. *Tiny Habits: The Small Changes That Change Everything*. Eamon Dolan Books, 2019.

Clear, James. *Atomic Habits: An Easy & Proven Way to Build Good Habits & Break Bad Ones*. Penguin, 2018.

Milkman, Katy. *How to Change: The Science of Getting From Where You Are to Where You Want to Be*. Penguin, 2021.

Neal, David T., Wood, Wendy and Drolet, Aimee. 'How do people adhere to goals when willpower is low? The profits (and pitfalls) of strong habits.' *Journal of Personality and Social Psychology* 104, no. 6 (2013): 959.

Brehm, Jack W. and Self, Elizabeth A. 'The intensity of motivation.' *Annual Review of Psychology* 40 (1989): 109–131.

Wright, Rex A. and Brehm, Jack W. 'Energization and goal attractiveness'. In Pervin, Lawrence A. (Ed.), *Goal Concepts in Personality and Social Psychology*, pp. 169–210. Hillsdale, NJ: Erlbaum. 1989

Eil, David and Rao, M. Justin.'The good news-bad news e□ect: Asymmetric processing of objective information about yourself.' *American Economic Journal: Microeconomics* 3, no. 2 (2011): 114–138.

Venables, Louise and Fairclough, Stephen H. 'The influence of performance feedback on goal-setting and mental e□ort regulation.' *Motivation and Emotion* 33, no. 1 (2009): 63–74.

Kool, Wouter and Botvinick, Matthew. 'The intrinsic cost of cognitive control.' *Behav Brain Sci* 36, no. 6 (2013): 697–698.

Hagger, Martin S., Wood, Chantelle, Sti□, Chris and Chatzisarantis, Nikos L. D.'Ego depletion and the strength model of self-control: A meta-analysis.' *Psychological Bulletin* 136, no. 4 (2010): 495.

Job, Veronika, Dweck, Carol S. and Walton, Gregory M. 'Ego depletion—Is it all in your head? Implicit theories about willpower a□ect self-regulation.' *Psychological Science* 21, no. 11 (2010): 1686–1693.

第八章

我能從中得到什麼？

——建構獎勵

關鍵要點——步驟三：兌現

二〇〇一年，威斯康辛州哈德森。感恩節。早上九點剛過，一名中年金髮女子站在一棟不起眼小建築的一零四號公寓外。這裡很安靜，特別是因為恰逢假期，大多數人要嘛出門購買最新的優惠商品、要嘛參與教堂儀式，或在最後一刻採購食品雜貨，為即將到來的盛宴做準備。感恩節是表達感恩、與家人團聚、一餐平均攝取三千至四千卡

路里的日子。然後，在我們通常會聯想到幸福和快樂的這一天，一零四號公寓外的女人即將經歷每個父母最可怕的惡夢。[1]

莉茲．伍利感到惴惴不安。她前去接她的兒子，尚恩，要帶他回外婆家吃感恩節大餐。但尚恩最近遇到了困難。大致說來，直到大約一週之前，他的生活似乎還算在正軌上。他遇到一位喜歡他、並且認為他是個好員工的老闆，在他那裡找到一份好工作。他賺的錢足以養活自己並支付公寓的租金。他沒有車，但他的工作地點走路就可以抵達，所以他似乎不需要車。直到上週之前，莉茲以為一切都進展順利，儘管如所有家長一樣，她總是擔心著尚恩。

威斯康辛州哈德森是聖克羅伊河畔的一個小城鎮，聖克羅伊河將明尼蘇達州和威斯康辛州分開。雖然哈德森本身很小，但它位於明尼阿波利斯—聖保羅都會區的邊緣，以美國的標準來看，這是一個規模相當大的城市。這座城市體現了美國中西部的文化，特別是人們的友善和禮貌。明尼蘇達州的人民以不愛起衝突而聞名，甚至到了有些被動攻擊型的地步。這種現象甚至有一個專有名詞：明尼蘇達式友善。[2]

莉茲一邊想著這件事，一邊走向兒子的公寓。就在昨天，她也站在這個門口，敲著門。她需要過來看看他，並且安排時間接他回去過今天的感恩節晚餐。但尚恩沒有回應。她不是那種會未事先告知就出現在公寓門口的人，特別是因為尚恩有一個習慣，當他沒有預期任何人來訪時，他就不會開門。但昨天她別無選擇。

莉茲的思緒回到了二〇〇一年八月。她做的是正確的決定嗎？在尚恩搬到自己的公寓並找到一份喜歡的工作後，她認為事情正朝著正確的方向發展。尚恩在七月哥哥的婚禮上看起來狀況很好，雖然他錯過了儀式的後半部分。

莉茲和尚恩之間斷斷續續的摩擦已經有一段時間了，原因是電玩遊戲。尚恩一向很熱愛電玩遊戲。但在過去的一年裡，事情到了一發不可收拾的地步，因為他特別沉迷於一款遊戲：《無盡的任務》（EverQuest）。尚恩和莉茲正因為他玩遊戲的事發生過幾次爭吵，主要是因為尚恩在長時間的遊戲中，曾經歷了一連串的癲癇發作。莉茲禁止尚恩在家裡玩遊戲，甚至在她外出時鎖上電腦鍵盤。尚恩現在一個人住，一切看起來都不錯，除了偶爾會有些差池。例如，尚恩錯過了他哥哥婚禮的後半場，因為他偷偷跑回家玩遊戲。[3]

但在八月時，尚恩打電話給莉茲請求幫忙。莉茲欣喜若狂。尚恩從來沒有為了任何事打電話給她；如今他需要她。他說他已經存了一點錢要買一台電腦。他想要擁有一台電腦，這樣他就可以獲得微軟認證，進而可以在科技業找到一份工作。尚恩說，他在附近找到一台二手電腦，但需要自己去拿。莉茲知道這些認證是人們進入科技行業的一種方式，她想要支持尚恩。她想和他共度這些時光。但是話說回來……一台電腦？獲得微軟認證可能並不是尚恩的唯一動機。最終，莉茲同意了，但如今，當她站在一零四號公寓外時，她不禁想，當時那麼做是否是對的。難道情況是從八月開始變糟的嗎？尚恩在一家名叫《墨菲爸爸的披薩店》的連鎖披薩公司工作，這家店最近在鎮上開始營業。他自二〇〇一年五月起就在那裡工作，並在隔一個月搬進自己的公寓。尚恩熱愛他的工作，瑞克．墨菲（尚恩的老闆）對他及他的職業道德給予了很高的評價。但事情似乎有些不太對勁。莉茲最後一次見到他是在上週五，當時她多次試圖在上班時間找他。每一次她打電話過去，尚恩都因為輪班而不在場。當莉茲最終與尚恩的老闆聯絡上時，他表示尚恩整個星期都沒有來上班，也沒有請病假。這很不像他的作風。墨菲對此表示擔憂，莉茲決定前往公寓確認情況。

這次的造訪並不順利。由於尚恩沒有回應，莉茲只好按門鈴請尚恩的鄰居幫她開門進入大樓。而且，當她敲門時，他也沒有來應門。這迫使莉茲打電話給尚恩的房東，因為她擔心他可能癲癇發作會需要協助。房東過來開了門，但由於有安全鎖，所以門無法完全開啟，也就是說只能打開到能看見屋裡的程度。此時，尚恩出現了；他聽到門被打開了。然而，他沒有讓莉茲進門，他說公寓很亂。莉茲主動提出可以幫忙整理，但尚恩拒絕了。莉茲問他為什麼沒有去上班。尚恩說他已經辭職並且在沃爾瑪找到另一份工作了。莉茲又問他為什麼沒有讓現任雇主知道這件事，尚恩回答：「隨便啦，無所謂了。」莉茲當場打電話到《墨菲爸爸的披薩店》，要求尚恩直接跟老闆通話，告知他們他要辭職了。接著她問什麼時候可以來接他回去吃感恩節晚餐。尚恩請她週一順道去他的新工作地點接他。莉茲離開了，但離去時卻感覺事情又變得更糟了。她隱約懷疑尚恩自八月以來就沒有打掃過他的公寓。再說一遍，八月。

莉茲耐心地等待過整個週末。週一一大早，她按照尚恩的要求，去哈德森的沃爾瑪找他。莉茲走進店裡，走向服務台，要求要見尚恩·伍利。櫃台人員一頭霧水；他們說他們從未聽過尚恩·伍利。莉茲說，這一定是搞錯了，他最近才開始在這裡工作。對方表示，他們可能不認識尚恩，因為他是新人。但那天他並不在現場。隔天她又來一次——同樣的答案。這裡沒有尚恩·伍利這個人。莉茲徹底搞糊塗了。難道是尚恩欺騙她嗎？她知道她必須面對他。

回到感恩節那天。當莉茲伸手去開門時，她的手在顫抖。在轉動門把之前，她不知怎麼，就是知道門會打開。門沒鎖，但鎖鏈讓她沒辦法進去。她氣自己沒有強行闖入。在內心深處，她已經知道真相了。裡面發生了可怕的事。她的手轉動了門把，門開了一條縫。她能看到裡面，卻進不去，和之前一樣。但現在公寓裡傳出一股奇怪的氣味。

莉茲伸手去拿手機。她想必知道尚恩出事了。正要撥號時她停了下來。如果她報警，他們可能不會讓她進去。她鼓足了全身氣力，回到車上，開車回家。短短一段車程卻感覺像是沒有盡頭。回到家，她拿起工具箱，四處尋找鐵橇和一些老虎鉗。

回到公寓，莉茲橇開了門鏈，跑進臥室。在桌旁的，是她的兒子。癱倒在搖椅上，頭抵著鍵盤。他旁邊有一把點二二步槍。螢幕還亮著。螢幕上有一個電玩遊戲。斗大的金色字體寫著：《無盡的任務》。[4]

無盡的任務

尚恩·伍利（Shawn Woolley）的死亡是著名的第一起與電玩遊戲成癮直接相關的自殺事件。[5]現在成為一種真實的診斷，典型特徵是由於強迫性地打電玩遊戲而導致個人運作能力受到嚴重損害。[6]其中的重要標準是缺乏自我控制。儘管在尚恩去世時，它還不是一種被公認的疾病，但在今日，這已被美國精神醫學協會所公認。莉茲·伍利是讓人們認識到這種疾病存在的重要人物。她現在經營著一個組織，致力於提高人們對這種疾病的理解。[7]

這是一個絕望且悲慘的故事，這是一個關於成癮危險的警世故事，特別是當代的危險。但這迫使我們正視一個我們的社會迫切需要提問的問題：為什麼電玩遊戲如此激勵人心，以至於會成癮？

提醒一下，在第三章中，我們討論了獎勵的三個主要類別：

- 心理獎勵——指內在激勵，來自內在的獎勵。關鍵、但不穩定。
- 社會獎勵——指社會激勵，來自他人的獎勵，包括競爭、回饋和支持的形式。有用、但可能不穩定。
- 物質獎勵——指外在激勵，來自我們提供給自己、或他人提供給我們的事物的獎勵。有用、穩定，需要額外的資源。

電玩遊戲致力於內在獎勵（心理獎勵），設定和建構獎勵，使人們一再回來，並沒有承諾任何形式上的物質獎勵。電玩遊戲在這方面已經做得如此出色，以至於對相當一部分用戶造成了損害。我們大腦中的獎勵系統微妙而複雜——如果濫用，會帶來危險。

你以為電玩遊戲只對一小部分的人造成影響嗎？再想想吧。遊戲產業已發展成熟。這是一門重要的生意。根據專業遊戲市場研究機構Newzoo估計，二〇二〇年全球遊戲產業的規模將接近於一千六百億美元；二〇一九年，它超越了全球電影產業。遊戲不再僅限於兒童：美國的遊戲玩家中，只有百分之二十一的玩家年齡在十八歲以下——百分之十五的美國遊戲玩家年齡在五十五歲以上。意思是說，很有可能你的父母當中至少有一人經常在玩某種類型的電玩遊戲應用程式。根據估計，全球有二十七億人在玩遊戲，這個行業的發展十分驚人，特別是考慮到它只有五十年的歷史。[8]

這種驚人的成長是如何發生的？當然，原因有很多，但其中最重要的一點是心理學的作用。有一個東西是遊戲相較於其他任何娛樂媒介更頻繁提供的：與努力相關的獎勵。這些獎勵有各種不同形式和規模，我只會強調幾個主要的。然而，要記住的最重要核心是，這些獎勵具有激勵的特性，意思是，這些獎勵對人們來說通常足夠重要，足以激勵個人感到滿足之後再繼續闖關。

可以說，遊戲最初提供的獎勵是一種基本的積分制度。這種簡單的方法說明了遊戲用來吸引你的機制。當你執行遊戲想要的動作時，你會獲得一個遊戲裡的貨幣獎勵，最早期被稱之為「積分」。想想《超級瑪利歐》（Super Mario）中的硬幣、《音速小子》（Sonic the Hedgebog）中的戒指，或單純在《俄羅斯方塊》（Tetris）或《乒乓球》（Pong）等早期遊戲中的「積分」。積分就是回饋。正如我們從上一章中所了解到的，回饋可以幫助我們制定進度。當你進行遊戲想要的動作時，你會得到積分——這些信號表示你應該繼續做你正在做的事情。就像我們在上一章中所學到的，回饋是正面的，而不是負面的。你因為表現好而獲得積分。這會激勵玩家繼續進行這些動作。[9]

積分基本上就像遊戲裡的金錢，讓個人以簡單的方式衡量進度。它們還可以促進競爭，無論是與自己還是與他人競爭。一些最早的遊戲利用複雜的積分系統來追蹤玩家的表現，讓你感覺到自己的表現有多好。像是《俄羅斯方塊》、《小蜜蜂》（Galaga）、《太空侵略者》（Space Invaders）、《小精靈》（Pac-Man）這類的遊戲不僅是本身很有趣，而且還可以讓你了解自己相對於自己和朋友的表現。打敗過去的自己和朋友是有意義的，會產生成就感。如前幾章所討論的，積分的運作方式與目標相同。這很簡單，但很值得重複提及並且牢記在心：積分與你在玩遊戲所付出的努力和遊戲設計師希望你做的事情有明確相關。你愈是執行預期的動作，你獲得的積分就愈多，這會讓你不斷回來。

隨著時間的推移，與他人競爭在遊戲產業中變得愈來愈重要。簡單的積分運用主導了一九八〇年代時期的電動遊戲界，但在一九九〇年代迎來了玩家與玩家相互競爭的時代，直接促成了我們今日所知的電子競技產業的建立。體現這種現象的一個典型遊戲是《快打旋風2》（Street Fighter II），這是一九九一年推出的著名機臺遊戲，它衍生出了一系列類似的格鬥遊戲，如《真人快打》（Mortal Kombat）、《VR快打》（Virtua Fighter）和《鐵拳》（Tekken）。在這些遊戲中，玩家操控著一個角色，與電腦或其他玩家對手進行（通常是）一對一的對戰。其中，特別是《真人快打》中的暴力場面，在遊戲發行初期就引起爭議，被廣泛認為是導致電玩遊戲引進分級指南的原因。事實上，《真人快打》的發行是政策制定者第一次注意到遊戲中潛在的危險，雖然當時並不是針對成癮性，而是對其暴力描繪和美化進行審查。在二〇一〇年代晚期之前，《真人快打》在德國一直是被禁止的。格鬥遊戲也許比其他類型的電玩遊戲更能體現競爭的重要性。在「打敗他們」的遊戲中，競爭是非常直接的——你必須擊敗單一對手。在大多數遊戲中，競爭沒有那麼直接——想想《俄羅斯方塊》。

對於研究獎勵和動機的人來說，當你理性思考電玩遊戲時，會發現它們有些奇特。我們付錢給一個組織，只是為了有機會付出努力，卻幾乎沒有任何物質獎勵——所以從經濟學的角度來看，這部分並不盡然合理。只有當我們考慮到心理獎勵的重要性時，電玩遊戲才能對我們產生魔力。我們在第三章中介紹了這些因素的激勵力量，因此無需在此重申，但重要的一點是，心理獎勵和努力的明確關聯，無論是為了賺取積分、在戰鬥中擊敗敵人或是登上排行榜，當你付出時間和精力時，電玩遊戲就會獎勵你。正如第三章所解釋的，當我們意識到努力會朝著特定目標取得進展時，我們會因為付出的努力而體驗到正面的情緒。

你應該能夠明白我的意思。但為了向那些認為「這對玩電動的人來說是有好處的，不過，這在現實生活中是什麼意思？」的人解釋清楚，你應該要知道，這些將遊戲元素添加到任務中的技術（稱之為「遊戲化」）此刻已經在各個行業中被廣泛使用。著名的例子來自「零工經濟」（gig economy），像優步（Uber）和來福車（Lyft）這樣的公司處於領先地位。[10]這些遊戲元素為員工提供了回饋，讓他們更加投入並積極地完成眼前的任務。這些機制允許實施獎勵，無論是物質上的，還是心理上的。如排行榜和競爭等特定元素並不適合於所有人，因此這些公司使用一系列的干預措施來提供回饋和獎勵。就我們的目的而言，在建立決策思維時，我們需要弄清楚什麼是我們能夠做出的最佳回應，為此，我們需要知道所有這些干預措施都是存在的，而它們並不是對所有人都同樣有效。

動機的最後一個面向值得注意，那就是目的的重要性。我們被一個敘事或故事所吸引，激發我們參與遊戲。各類遊戲都有精彩的故事情節——我想到的有《雙截龍》（Double Dragon）、《街頭快打》（Final Fight）、《死亡鬼屋》（The House of the Dead）以及最近的《最後生還者》（The Last of Us）和《艾爾登法環》（Elden Ring）。著重於講述引人入勝的故事，讓玩家不斷回來，期待看到故事的結局。這些遊戲中有些不使用典型的貨幣（像是積分），而是透過故事情節來表示進展，賦予玩家參與行動的功能。

在第三章中，我談到了我進行的一項研究，參與者被要求參與一項簡單的單字解碼任務。[11]即使任務本身很無聊而且沒有什麼意義，但許多參與者付出了相當大的努力。而其他人被要求解碼單字，而這些單字本身成為參與者可以解鎖的故事的一部分。我們發現，當參與者的努力導致更多故事被揭曉時，他們會在任務中付出更大的努力。在這兩種情況下，任務本身是相同的，只是回饋和獎勵改變了。

大多數的電玩遊戲，在任務本身這方面都是一樣的——操作控制器讓畫面產生變化。但厲害的遊戲會用故事吸引你，所有搖桿的擺動突然間變得極為感性並有意義。從這個意義上來看，怪不得現在電玩遊戲比電影更賺錢。就像電影一樣，電玩遊戲講述故事。但與電影不同的是，它們獎勵你的方式是使你成為推動情節發生的那個人。這種行為聯繫是極具激發作用的，正是這一點，讓我們能夠繼續從事某項任務，即使在做的過程中沒有很順利。

所有這一切都有其黑暗面。《無盡的任務》有時被稱為「無盡的崩裂」（EverCrack）——這是對它本身成癮本質的直接指認。這款遊戲被廣泛認為是有史以來最具影響力和開創性的遊戲之一，自一九九一年發行以來就獲得空前的成功。遊戲本身是一款大型多人線上角色扮演遊戲（massively multiplayer online role-playing game，MMORPG），雖然它不是這種類型遊戲的首創，但它引進了極度令人上癮的機制。這款遊戲與以往的遊戲不同之處在於社交元素的運用。遊戲建立在玩家創建一個可控角色的基礎上，他們用這個角色來遊歷遊戲世界。在遊戲世界中，有著與野獸和惡魔戰鬥的核心遊戲循環，以換取經驗值。[12]經驗值是角色發展的積分系統，使他們變得更強大並進入世界更多地方。然而，玩家能夠獨立體驗的內容是有限的，因此遊戲鼓勵玩家相互聯繫，建立他們在現實世界中可能不會建立的關係。伍利和蘭格寫道，「一個人可能會被捲入這些虛擬世界中，這就成為了他們的新現實。」[13]對於尚恩來說也是如此。這些遊戲的社交方面是一個非常強大的動機因素，遠遠超出了核心遊戲循環。

這聽起來很熟悉嗎？當我們在建立決策思維時所參與的任務，也很可能充滿了強烈的目的感。它們很可能依賴於人際關係。我們許多工作場所的結構與此並沒有什麼不同——我們克服挑戰、獲得經驗，當我們這麼做的同時，我們會變得更強大，可以探索更多。與他人合作可以讓我們更深入地融入故事情節中並解鎖更大的獎勵。但我們必須要小心。受到動機驅使去做我們並不喜歡的事，可以說是我們能否成功的關鍵因素。這也是導致倦怠的明顯途徑。將你的生活和目標遊戲化是有幫助的……直到它不再是。辦公室環境、足球場、你的銀行餘額：所有這些實際上都是我們替自己創造的虛擬世界。不要讓它們成為你現實生活的全部。

獎勵的科學

話雖如此，實施獎勵也可以是一種健康的方式。正如我們所知，將獎勵和努力連結起來是實現目標的關鍵層面。凱蒂．米爾克曼（Katy Milkman）是行為改變領域中最有影響力的作家之一，她與大學生合作進行了一項為期十週的研究。[14]這項研究聚焦於利用獎勵來模擬參與者有動機去做但不經常做的事情的努力——例如，運動。透過這項研究，她創造了「誘惑綁定」（temptation-bundling）這個概念。這是一種承諾機制（Commitment devices）——有助於確保我們做事的方式。這類型的一個經典是自動化一個系統，每當你沒做到你打算要做的事（例如去健身房），就要捐款給一個你不喜歡的組織（例如你反對的政黨）。在這項研究中，參與者被隨機分成三組。對照組僅得到一些關於去健身房的重要性的文字資料，並在十週內監看他們的活動。第二組得到一套有聲書小說，可以把有聲書檔案下載到自己的個人設備上。有聲書是根據參與者的喜歡選擇的——這些是他們喜歡的書。受試者被告知，他們應該試著只在健身房時收聽這些小說，以便將討厭的活動（去健身房）和愉快的活動（聽有聲書）搭配成一組。第三組也得到了有聲書，但使用的是研究人員擁有的設備，並且要求參與者只能在健身房時使用這些設備，不在健身房時要將設備放在置物櫃中。

這裡的想法是，如果你可以把一個愉快的活動（獎勵）和一個討厭的活動（努力）配成一組，透過利用立即獎勵來增加投入努力的可能性。研究人員發現，只有在健身房時才能聽有聲書的那組人（第三組），他們去健身房的出勤率增加了百分之五十一。[15]然而，這是在設備第一次採用的時候，隨著時間的推移，這種效應會逐漸降低。請注意，這是一種成本相對較低的干預措施，而且許多人並不以同樣的方式重視有聲書，但將獎勵與討厭的活動綁定在一起的主要原則已經得到很好的說明。對我們來說，學到的東西很明確。如果你喜歡音樂但討厭跑步，請帶上耳機並聆聽你喜歡的歌曲，但只能在跑步時聽。如果你需要念書，你又喜歡喝咖啡，那麼當你準備好要念書時，你可以外帶一杯咖啡，但只能在念書時喝。

由凱蒂．米爾克曼和安琪拉．達克沃斯（著有暢銷書《恆毅力》）合著的一篇有用的文獻評論，將干預措施分為情境性（意指他們試圖改變你所處的情境）和認知性（意指他們試圖改變你對情境的感受）。[16]進一步的分類著重於自行調配的干預措施——意思是個人採取了蓄意行為來改變他們的決策——或他人調配的干預措施——意思是相反的，某個其他人代表個人採取了行動。就建立決策思維而言，我們自然會關注在自行調配的干預措施上，但利用他人來讓我們負起責任同時也是一個我們可以運用的有效技術。然而，就目前而言，請注意，將有聲書和運動配對的誘惑綁定是一種自行調配的情境技巧。自行調配技巧對我們來說很方便，因為，在某種程度上，這是一本「自助」書，意思就是，你可以用來幫助你自己。

專注於讓不受歡迎的活動變得更難進行的承諾機制似乎也很有效。例如，一項研究測試了一種儲蓄機制，個人承諾只有在達到儲蓄目標後，或在預先選定的日期後才能取得這筆儲蓄。[17]那些預先承諾的人的儲蓄率提高了百分之八十一。另一種形式可能是讓誘惑行為變得更難執行，例如，將誘惑從視線中移除，而不是抵制它們。[18]在這兩種情況下，不難想像這可以適用在我們設定的任何目標上。假設你有一個學習目標而你不想拖延，那就把手機關掉，放到另一個房間裡。在一段時間後讓自己可以使用手機作為一種自我獎勵。

自行調配的認知技巧我們之前討論過，因為第一個、也是最眾所周知的便是目標設定。設定明確、可實現但具有挑戰性的目標可以有效提高努力程度。另一項統合分析不僅向我們表明目標設定是有效的，而且公開設定的目標甚至比私下設定的目標更有效。[19]再次強調，遊戲化正在起作用，增加了另一層社會動機，提升我們的動力。將大目標分解為更小的子目標也更有效，直覺上，每次達成子目標時，成就感就會增加——就像在電玩遊戲中升級一樣。

進一步的研究突顯了計劃、心理對比（想像一個正面結果並與擋在中間的阻礙做對比）、自我監控、正念、認知治療和心理距離等有價值的技巧在促進行為改變上的作用。[20]再次說明，在此更廣泛的重點是思考努力的成本並尋找能夠幫助彌補這些成本的動機來源。承諾機制增加了不遵守的成本。計劃和目標設定將心理獎勵最大化。這份文獻評論中得到的主要結論是，提前做一些計劃就可以有效地實現目標。當然，這說起來容易做起來難，在第十一章中，我們將討論實現這個目標的步驟。

這項研究和遊戲產業的發展告訴我們，明確地將獎勵和努力連結起來是重要的。想想你上次不太想做某件事的情況（例如，或許是去健身房，或是洗衣服）。想想我們的簡單決策模式：

- 如果回報大於付出，就會採取行動。
- 如果付出大於回報，就不會採取任何行動。

你之所以會做這些必要但並不喜歡的任務，是因為你知道這麼做會有一些未來的回報（例如，變得更健康、聞起來很香等等）。然而，當回饋不是非常明確時（你知道隨著時間的推移你會變健康，但現在你不確定這是否有任何效果），你可以使用這些獎勵機制為你的動機帶來一點推動力。有很多大眾運動應用程式可以為你創造社交激勵。同樣地，許多人最終「為了慈善」而參加生平第一場馬拉松也是有原因的——它讓跑步變得充滿意義。在每次跑步或學習後，你可以去你最愛的咖啡館為自己買杯咖啡來予以肯定和獎勵。也許在一整天的用功念書後，你的獎勵就是跟你愛的人共同度過一段連續的美好時光。

當你創意發想時，獎勵自己的方法有無數種。了解什麼對你有用是一個嘗試錯誤的過程，但這是不容忽視的。在旅程的每個階段，你都需要提醒自己，你所付出的努力將會得到回報。

根據上述所有論證，一幅清晰的畫面開始浮現。實現目標的第一步是確定一個目標。你想要實現什麼？接下來，你需要仔細思考直接有助於實現目標的決策。這是一種規劃形式。你需要仔細思考每天、每週和每月做出的決策將如何幫助你在前進的道路上走得更遠。這個部分需要努力和時間。我們必須仔細思考這些步驟，並確保我們準確地將各種決策分類。然後，我們需要考慮回饋機制。我們如何得知我們正朝著目標前進？何時應該尋求回饋以確保自己不會失去動力？最後，關於決策我們該如何建構獎勵？請記住，為實現我們的目標而做出的決定可能是痛苦的——它們需要付出大量的努力，而通常只帶來很少的回報。那我們要如何盡可能地提高回報，或者減少努力成本呢？我們何時可以落實這些獎勵？本章涵蓋的文獻為我們提供了一個穩定的規則：盡可能在行動之後立即實施獎勵，這樣我們就可以在努力成本和獎勵之間建立明確的連結。

莉茲．伍利和尚恩的悲劇

莉茲．伍利付出了最沉重的代價。因嚴重的成癮問題，她失去了一個孩子。最糟糕的部分是，當時候這並沒有被歸類為成癮，有位醫生只是告訴她的兒子要少玩點遊戲。莉茲甚至曾去找了尚恩的心理醫生，他建議尚恩可以繼續玩遊戲，並已經讓尚恩意識到遊戲成癮的問題。伍利和蘭格寫道，「對我來說，這完全是荒謬的。這就像告訴一個酒鬼，如果喝酒是你唯一喜歡做的事，那就繼續喝吧！或告訴吸毒的人，如果你只愛海洛因的話，那就繼續用吧。」[21]

電玩遊戲如何從消遣逐漸轉變成一項真正的愛好，被各個年齡層的人所接受，這是隨著時間的推移，許多不同類型的遊戲化操作之一。遊戲一開始是很簡單的前提，結合行動和回饋系統，然後再與獎勵相結合，首先是心理獎勵（目標和成就）、社會獎勵（大型多人線上角色扮演遊戲和社交遊戲），最後是金錢獎勵（電子競技和賽事）。在這個過程中，遊戲藉由提供給一小部分玩家獨特的獎勵並克服現實世界和物質方面的考量，提高了他們的成癮程度。當然，要考慮的事情是核心遊戲循環（遊戲期望你做什麼來換取獎勵）本身就具有內在動機，但現代遊戲中，個人進行的任務種類繁多，結合了人們喜歡和討厭的任務。在我和同事進行的研究中，包括多種類型的動機示能性可以使人增加自願努力。[22]這代表，無論一個人願意承擔什麼任務，將它與多種形式的獎勵結合起來都會增加人們實際執行的可能性。然後可以將一連串的獎勵層層加到所需的活動上，並將它們連結到輸入（每當付出努力時就會觸發獎勵）或輸出（每當實現目標時就會觸發獎勵）。

當然，任何活動的不愉快都會調節這種關係。人們對這項任務的感知愈不愉快，做這件事所需付出的努力（無論是心理上的還是其他方面的）就愈多。前面需要付出的努力愈多，要抵銷成本所需的獎勵就愈多。想一下尚恩玩《無盡的任務》的例子。因為核心遊戲循環是開心的，尚恩會一直想要玩更多。遊戲讓玩家沉浸在其中的世界賦予了行動明確的目的，進一步增強了獎勵。除此之外，還有社交元素。他發現了一位值得信賴的朋友，會與他一起參與任務，並在他沒有玩的時候保護他的資源，進一步獲得獎勵，這或許是尚恩在現實世界上難以實現的。確實，對於尚恩，伍利和蘭格這麼寫道，「他是一個善良、熱心的人……他喜歡當個孩子，跟孩子們玩在一起。他覺得待在小朋友身邊更自在，而不是與那些愛批評、刻薄的成年人相處。他可以做自己，而不會受到批判或指責。」[23]

伍利和蘭格指出，尚恩的生活在玩了《無盡的任務》後發生了巨大的變化。他們寫道，「過去十年來，尚恩一直在玩電腦遊戲，但在他的生活中沒有重大的性格或社交變化……《無盡的任務》是第一批由心理學位人士專門設計的『新一代』電玩遊戲之一……旨在使人對這款遊戲盡可能地欲罷不能……玩家一旦離開遊戲就會失去他們在遊戲中建立起來的地位。此外，這款遊戲現在成為玩家和同伴互動的地方。如果他們退出電玩遊戲，他們就無法再與朋友聯絡了。」[24]伍利和蘭格提到，遊戲產業如何實施不同形式的獎勵來吸引玩家繼續玩下去。自《無盡的任務》發行以來，甚至有更多人上癮的遊戲也紛紛推出，而具有上癮性的遊戲化架構已經應用在社群媒體到購物網站和新聞等各個領域上。

或許從本章中所了解到的主要資訊略有爭議。遊戲產業所開創和使用的技術已經找到了適用之處，適用於那些核心努力循環本質上並沒有帶來回報或滿足感的地方，例如，零工經濟。雖然有使用金錢獎勵，但同時在不同程度上也增加了行為獎勵和遊戲化的使用。重點在於，即使金錢獎勵變得不那麼具有激勵性（例如，你是時薪人員），還會有其他形式的激勵可以讓你繼續前進，像是競爭、社會動機、追求地位的行為、目標設定等等。我們應該對此保持警惕，更簡單地說，不要讓自己在這個已經被遊戲化的生活中更加陷入無止盡地遊戲化裡。我希望你能建立決策思維，這樣你就能發揮出你的潛力，過著充實的生活。這並不是為了讓你在追求某個隨性的目標而把自己累垮。我引述尚恩的故事來提醒大家這一點。雖然他的案例很特殊，但我在各處都能看到類似的情況。我們正在綁架我們的獎勵系統，而這不盡然是個好主意。

因此，我認為這一章讓我們回到了起點——我們的目標。雖然這很難說，但我不確定尚恩是否曾經主動設定過要努力成為《無盡的任務》最佳玩家的目標。我認為更有可能的是，《無盡的任務》在他不注意的時候介入並掌管了他的生活。對我們來說，這也是一個教訓。如果我們有留心自己的目標，設定獎勵可以幫助我們實現這些目標。但如果我們的目標是別人賦予我們的，如果它們最終是為了那些利用我們的勞動或金錢來達到自己目的的人而服務的，我們就需要小心了。我們是極其複雜的生物，但我們同時也很簡單。每個人都喜歡金色星星，即便他們是受人尊敬的社會人士，有著工作和孩子。

關於這一點的最後一個想法是，有些健康的場所也使用了這些獎勵系統。體育俱樂部、閱讀或讀書小組、藝術課程，所有這些都使用類似的一套干預措施來肯定良好的行為——從賽後的一杯啤酒到年終表演——俱樂部和聚會團體知道如何將令人愉悅的事物與你想要培養的行為聯繫起來。而且它們也是具社會性的。

有了這些準備，接下來的三章將詳細介紹決策框架。我將為你提供一個框架，幫助你以自己想要的方式實現你的目標。

小方塊：輪到你了！

作業#8

再一次，練習分為兩個部分。首先，我希望你回想一下你未能實現的目標（很抱歉提到這件事，我知道這在情感上有一點負擔，但這是幫助你了解如何改進的好方法）。思考一下為實現目標所需要做出的一到三個重複決策。為了存錢，這可能會是不買你很想得到的東西，或不跟朋友去當地的酒吧玩，等等。

現在，想一下每次你做出正確的選擇（為了目標著想）——你獲得了哪些獎勵？沒有立刻想到任何事情是非常正常的，但請試著看看你是否從這個行動中獲得任何直接的獎勵。將這些寫在下方的表格中。

目標#1：

決定一

每當我做出這個決定／任務時，我都會獲得以下獎勵：

心理上的：________

社會上的：________

物質上的：________

決定二

每當我做出這個決定／任務時，我都會獲得以下獎勵：

心理上的：________

社會上的：________

物質上的：________

決定三

每當我做出這個決定／任務時，我都會獲得以下獎勵：

心理上的：________

社會上的：________

物質上的：________

非常好！謝謝你。現在，讓我們假設這是你現在要為自己設定的前進目標。你可以設定任何你喜歡的獎勵，所以請策劃你的獎勵，每個決定至少有兩個。一旦你寫完了，反思一下，如果你事先考慮到這些獎勵，你是否會發現這個目標更容易實現。

目標一——獎勵策略		
決定一	每當我做出這個決定／任務時，我都會透過以下方式獎勵我自己：	心理上的：＿＿＿＿ 社會上的：＿＿＿＿ 物質上的：＿＿＿＿
決定二	每當我做出這個決定／任務時，我都會透過以下方式獎勵我自己：	心理上的：＿＿＿＿ 社會上的：＿＿＿＿ 物質上的：＿＿＿＿
決定三	每當我做出這個決定／任務時，我都會透過以下方式獎勵我自己：	心理上的：＿＿＿＿ 社會上的：＿＿＿＿ 物質上的：＿＿＿＿

參考資料：

Woolley, Liz and Langel, John. 'Your son did NOT die in vain!: A true story about the devastating e□ects of video gaming addiction.' *Outreach for On-Line Gamers Anonymous*. Kindle Edition (2019).

Atkins, Annette. *Creating Minnesota: A History from the Inside Out*. Minnesota Historical Society, 2009.

Spain, Judith W. and Vega, Gina. 'Sony online entertainment: EverQuest® or EverCrack?' *Journal of Business Ethics* (2005): 3–6.

Gri□ths, Mark D., Kuss, Daria J. and King, Daniel L. 'Video game addiction: Past, present and future.' *Current Psychiatry Reviews* 8, no. 4 (2012): 308–318.

Hamari, Juho, Koivisto, Jonna and Sarsa, Harri. 'Does gamification work? A literature review of empirical studies on gamification.' In *2014 47th Hawaii International Conference on System Sciences*, pp. 3025–3034. Ieee, 2014.

Banuri, Sheheryar, Dankova, Katarina and Keefer, Philip. *It's Not All Fun and Games: Feedback, Task Motivation, and E□ort*. No. 17–10. School of Economics, University of East Anglia, Norwich, UK, 2017.

Milkman, Katherine L., Minson, Julia A. and Volpp, Kevin G. M. 'Holding the hunger games hostage at the gym: An evaluation of temptation bundling.' *Management Science* 60, no. 2 (2014): 283–299.

Milkman, Katy. *How to Change: The Science of Getting From Where You Are to Where You Want to Be*. Penguin, 2021.

Duckworth, Angela L., Milkman, Katherine L. and Laibson, David. 'Beyond will- power: Strategies for reducing failures of self-control.' *Psychological Science in the Public Interest* 19, no. 3 (2018): 102–129.

Ashraf, Nava, Karlan, Dean and Yin, Wesley. 'Tying Odysseus to the mast: Evidence from a commitment savings product in the Philippines.' *The Quarterly Journal of Economics* 121, no. 2 (2006): 635–672.

Duckworth, Angela L., White, Rachel E., Matteucci, Alyssa J., Shearer, Annie and Gross, James J. 'A stitch in time: Strategic self-control in high school and college students.' *Journal of Educational Psychology* 108, no. 3 (2016): 329.

Epton, Tracy, Currie, Sinead and Armitage, Christopher J. 'Unique e□ects of setting goals on behavior change: Systematic review and meta-analysis.' *Journal of Consulting and Clinical Psychology* 85, no. 12 (2017): 1182.

第三部分

決策框架

第九章

小決策的暴政

——基於影響的錯誤分類

不像硬科學那樣充滿了定律，社會科學往往有那麼一點……模糊。物理定律，像重力，是一致的。當蘋果從樹枝上脫落時，你知道它會朝著地面掉下來。如果你是一名物理學家，你甚至可計算出需要多久時間。但在社會科學中，一切都是機率性的。社會科學無法保證某種現象必然會發生，它只是模擬某種行為的可能性。

儘管如此，我們常常使用「定律」這個詞。你可能有聽過「帕金森定律」（Parkinson's Law），該定律是以西里

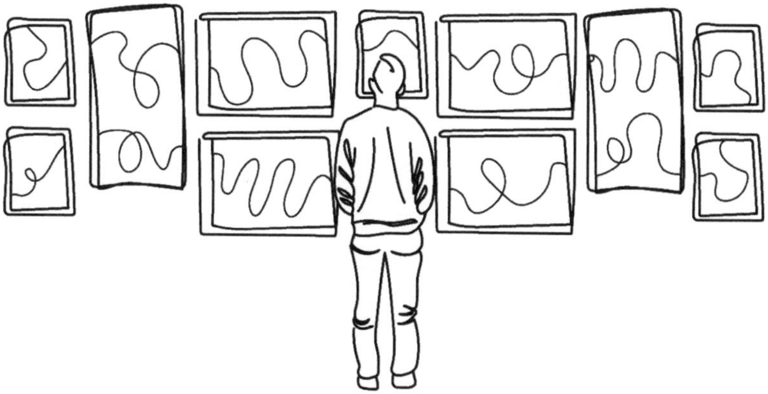

爾・諾斯古德・帕金森（Cyril Northcote Parkinson）的名字命名的，他是一位相對默默無聞的學術歷史學家，他在一九五五年的《經濟學人》雜誌上寫道，「工作總會不斷膨脹，直到填滿所有可用時間」。[1]他接著提出了帕金森瑣碎定律（Parkinson's law of triviality），個人和群體都傾向於專注在小事而非大局。帕金森以一個議會決定如何建造核反應爐的故事來說明這個原則，議會成員花了太多時間在自行車棚的議題上。[2]這兩個定律都意為諷刺的，靈感來自帕金森在二戰期間的軍隊經歷。但它們為社會科學的定律立下了基調。

類似的定律不勝枚舉。例如，賽爾定律（Sayre's Law）認為，「在任何爭議中，感覺的強烈程度都與問題涉及的價值成反比。」[3]這句妙語是由查爾斯・菲利普・伊薩維（Charles Phillip Issawi）所表述的，他當時正在討論學術界的政治，而我可以證實，那通常是錯誤百出的。[4]

美國著名經濟學家阿弗雷德・卡恩（Alfred Kahn）於一九六六年寫了一篇論文，名為〈小決策的暴政〉（Tyranny of Small Decisions）。他在文中解釋，許多決策都是在對更廣泛背景的無知之下做出的。它們在個人層面上可能是理性的，但卻導致了一個不理想的結果。[5]先前我們在討論「共有財悲劇」和伊莉諾・歐斯壯時已經看到了這種效應。卡恩描述了一個簡單的道理：若從更廣泛的背景脫離出來，一個單獨做出的決定可能會立即令人感到滿意，但隨著時間的推移和足夠多的重複，它可能會產生毀滅性的後果。這是我們貫穿在本書中的原則。

於是，這些定律顯示出我們總是做出糟糕的決定。但它們也暗示了原因。整體來說，這些定律依賴我們保存自己的心理資源，並給我們自己短期的、而非長期的獎勵。例如，對我們的目的而言，瑣碎定律很重要，因為它指出我們寶貴的時間有很大一部分花在瑣碎的任務上。這是因為，無論任務是什麼，我們在完成任務時給予自己的獎勵往往是相同的（那種滿足感——是的，我完成了！）。意思是說，如果完成任務所需的努力程度很低，對我們來說就很有吸引力。任何曾經要做一份待辦事項清單，而第一項就是寫下「寫待辦事項清單」的人都知道我在說什麼！在自行車棚與核反應爐的例子中也是同樣的原理。建造一座核反應爐所需的努力遠遠大過於建造一個自行車棚所需的努力。但如果（從管理者的角度來看）獎勵是相等的，那麼在自行車棚上付出的努力似乎更有價值，因為成本是如此之低。

當想到小決策的暴政時，也是同樣的概念。原則是眾多決定是在不了解更廣泛背景脈落的情況下做出的。它們在個人層面上可能是理性的，但它們會導致不理想的結果。想像一下吃一個甜甜圈。單單來看，這是個不錯的決定。但是，如果你每天都吃一個甜甜圈，你很快、很快就會違背醫生的建議。單獨理性的小決策：甜甜圈。更廣泛的背景：醫生的建議。

好吧，好吧。我們現在對於獎勵和心理能量的科學有相當深入的了解。但這對我們的決策思維有什麼作用呢？我們該如何改進我們決策能力？

根本上，我們如何能夠，不吃掉所有的甜甜圈呢？

影響錯誤分類

首先，讓我們快速回顧一下框架。在第一章中，我們介紹了四種類型的決策概念，涉及影響（低到高）和頻率（低到高）維度。我們所做的每個決定都可以歸類為這四個類別之一。下圖說明了這一點。問題在於，我們往往會分類錯誤。我們是如何、以及為何會這麼做？

接下來，讓我們回顧一下我們的行為見解。在第二章中，我們討論了腦力勞動的問題——我們想要保留認知資源。有時候，在做出困難決定時，我們不會三思而後行，但我們應該要這麼做。我在這裡傾向於使用「深思熟慮」這個詞——但我指的就是「三思而後行」。然而，對於大多

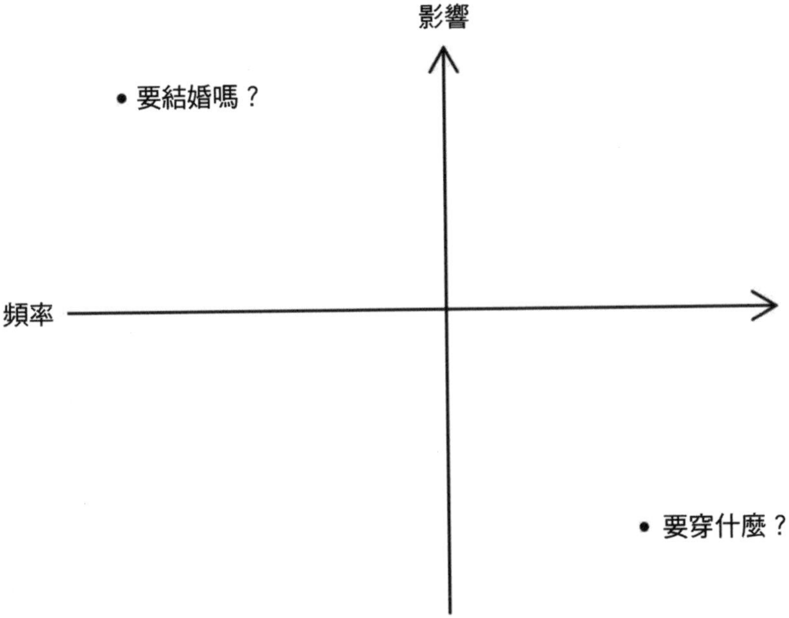

數決定，我們實際上是依靠我們的直覺。我們需要保存這些相同的心理資源。但是，如果我們分類錯誤，我們可能會在不需要深思熟慮的事情上糾結。無論是哪種方式，做決策都會讓我們付出成本，我們需要做出的決策愈多，成本就會變得愈高。

在第三章中，我們討論了獎勵以及我們的動機如何影響獎勵。如果我們有內在動機去做某件事，我們獲得的心理滿足感會比沒有動機時更多。假設你因為需要錢，而在工廠當輪班工人，如果沒有額外的報酬，你不太可能在工廠車間裡做更多的工作。你需要一份外在獎勵——金錢。或者，想像一下一位音樂家，儘管作為表演者的收入可能非常可觀，但音樂家的努力是出於內在因素——他們熱愛音樂創作。努力是有成本的，但是當成本很高時，由於我們自己的動機，我們對獎勵的思考方式會增加努力的程度。

在第四章中，我們討論了時間的重要性，以及立即獎勵似乎比我們稍後獲得的獎勵還來得大。這意謂著，隨著獎勵離我們愈來愈遠，我們對獎勵的感知就會改變。例如，想像一下寫一本小說。許多作家在寫了大約三分之一時就放棄了，因為最初的創造力已經消失。埋頭苦幹所付出的成本很高，而獲得的獎勵卻很遙遠。

最後，在第五章中，我們討論了我們感知的作用以及它們如何轉變以適應我們的行為。一個例子是確認偏誤，我們努力尋找與我們信念相符的答案。另一個例子是關於我們如何認為自己高於平均水準並輕易接受證實這個信念的證據，但卻忽略了反駁這個信念的證據（過度自信！）。

因此，將我們在第一部分（行為見解）學到的一切結合起來，讓我們回到那個簡單的框架。我們做出任何決定的最簡單方式是，我們對採取某項行動的成本和效益（回報）做出快速（通常是無意識的）比較。如果某項行動的好處多過於行動的成本，我們就會不厭其煩地去做這件事情，否則我們才懶得花時間去做。再次強調，這就是我們傾向於遵循的一般規則：

- 如果回報大於付出，就會採取行動。
- 如果付出大於回報，就不會採取任何行動。

現在，上述兩點需要注意的是：回報和付出通常不是真正的回報和付出，而是**感知到的**回報和付出。這意謂著我們的決策不是基於客觀數據和客觀現實，而是基於我們認為正在發生的是什麼。這既是一種祝福，也是一種詛咒。但框架恰好能夠幫助我們解決這個問題。

那麼，這對我們的框架而言代表什麼呢？讓我們先考慮低頻率決策（類型二：韓式還是中式，或類型三：純素主義者還是肉食主義者）。在這個更大的類別中，我們發現了低影響和高影響的決策，我們常常將這兩者分類錯誤。

但在這種情況下，影響指的是什麼呢？嗯，就本書的目的而言，**高影響決策是與你的目標相符的決策；低影響決策則相反**。

在這個階段我們需要小心一點，因為重要的是認知到，僅僅因為某件事情與目標不一致，並不代表它不會影響你的整體福祉。事實上，許多人發現，在追求某個目標時（例如，就我的例子，完成這本書），其他增進福祉的決定可能都會被擱在一邊（例如，再次就我的例子，健康飲食）。因此，雖然我們可以把任何不符合你一開始設定的目的決策歸類為低影響，但這並不表示它們應該完全被忽視。帶著對這個提醒的認知，讓我們繼續下去。

低頻率和影響

低頻率決策的構成在很大程度上取決於你如何看待事物，但讓我們（為了定義）想一個你無需定期做出的決策（我們可以把「定期」視為至少一個月一次，只是為了確定這個概念）。像是支付房貸、穿哪件襯衫等決策被歸類為高頻率決策，我們稍後會介紹。然而，低頻率決策可能是去哪裡度假、慶祝週年紀念日或特殊活動的購物、進行房屋整修、加入健身房、購買房屋或汽車等昂貴商品、選擇電力供應商等等。

關於低頻率決策，首先要注意的是，它們往往需要努力和深思熟慮。這通常是由於它們周圍的獨特環境所致。做出低頻率決策的背景與高頻率決策的背景不同，因此我們往往沒有簡單的經驗法則來幫助我們。正如你在第二章中所記得的那樣，我們降低決策成本的方法之一是：將決策從系統二流程（深思熟慮）轉移到系統一流程（直覺）。運用捷思法（也就是我們所謂的經驗法則）是實現這一目標的簡單方式。

捷爾德・蓋格瑞澤（Gerd Gigerenzer）是認知心理學領域的重要心理學家，他透過描述諸如接球之類的事情來說明我們運用捷思法的方式。表面上，接球是一個相當複雜的計算，涉及速度、軌跡、高度、方向、風阻等等一系列變數。然而，我們許多人一直都在做這件事，卻不需要進行任何計算。教練會給孩子一些規則來指導他們，像是要他們的眼睛盯著球看，並且在跑去接球的過程中頭部要保持不動。這些規則稱為捷思法。它們不如實際計算精確，但在大多數情況下都是有效的。我們可以運用捷思法來接球，但不能運用它來讓太空船登陸月球。透過一連串的嘗試和重複，我們可以訓練自己以最小的努力來從事日常活動。[6]

然而，由於低頻率決策通常沒有相關的捷思法，因此，個人通常需要深思熟慮才能做出更好的決定。簡而言之，由於沒有易於掌握的經驗法則，人們缺乏必要的「練習」來做出決定。因此，通常會發生的情況是，他們要嘛深思熟慮，也就是努力成本增加；要嘛他們憑內心感受和直覺行事，這增加了犯錯的機會。最後，他們還可以透過延遲或拖延來推遲做出決定。總而言之，我們要嘛深思熟慮，要嘛拖延。

如果你是因內在動機而做出決定，你更有可能是經過深思熟慮的，因為感知到的獎勵更高。例如，想像一下你正在決定要去哪裡度假。我們大多數人都會基於各種因素和偏好進行相當廣泛的搜尋。我們會確保在預定航班之前仔細考慮過每個選項。我們之所以這麼做並不是因為找到最佳行程對我們的生活會有更大的影響，而是因為了解所有可行的選擇並計劃旅行是有趣好玩的事。我要去西班牙還是義大利？西班牙有開胃小菜，但義大利有義大利麵。是巴塞隆納非凡的現代建築，還是羅馬遺址？我們可能會花上一整天時間來做這類的決定。同樣地，我在選擇筆記型電腦時也遇上選擇困難，在做出決定之前要確保考慮到所有可能的選擇。如果我買了一台略低於最佳性能的筆記型電腦，這對我生活上的影響基本上可說是微乎其微的，但我還是會比較每一台機型到最後一位千位元組的記憶體。我在試圖做出這個決定上所花費的時間遠遠超過了我購買一台「還不錯」的筆記型電腦所得到的任何好處。

現在，讓我們斟酌試著做出一個不那麼愉快的決定。想像一下，你需要為你美好的假期購買旅行平安險。除非你非常熟悉保險規劃，否則你很可能不會考慮太多，就只是憑直覺做決定（「這個最便宜，我上次就是選這個」）。而且，你可能會拖延這個決定（「我這個月有點窮，等我領到薪水再說吧……」）。你甚至可能一拖再拖，卻抽不出時間去完成這件事。這是為什麼呢？因為認真思考後所感知到的獎勵很低，因此，你選擇要嘛避免做出決定，要嘛就隨便選一個。

無論你去西班牙或義大利，你可能都會玩得很開心。花費大把時間研究兩個目的地的相對優點可能對你的體驗不會有太大影響。如果你選擇去西班牙而不是義大利，是因為機票比較便宜，而且上一次去的時候很愉快，那麼你不太可能會經歷到一次改變人生的爛時光。另一方面，使用完全相同的捷思法（更便宜、上次也選這個）來選擇你的旅行保險，最終有可能會是一個改變人生的錯誤。那麼，這是怎麼一回事？我們為什麼會對決策可能產生的影響做出錯誤分類呢？

簡單的答案在於我們如何感知獎勵。通常，我們設定目標是為了在我們目前沒有做的事情上付出努力。例如，如果你很愛踢足球並從中獲得樂趣，你根本不需要設定目標去練習……因為你已經在練習了！這是自然而然發生的。然而，如果你徹底討厭所有形式的運動，你可能需要設定一個目標，以健康為理由讓自己定期去踢足球。一旦我們設定了目標，我們做的許多與目標有關的決定都會變成高影響決策——它們會幫助我們朝著目標前進。不幸的是，我們常常因為缺乏動機而推遲或避免去做出這些決定。而如何激發出我們的動機正是本書的核心所在。

那麼，另一個方向的錯誤分類呢？為什麼我們會花那麼多時間在（看似）瑣碎的決定上，而從長遠來看，這些決定可能不會對我們有太大的影響？我們在上面看到的例子是決定去哪裡度假，但我們有無數個這樣的例子可以去思考。簡略的答案仍然是：動機。因為我們喜歡在那些對我們存有內在激勵的領域進行謹慎思考，所以我們下意識地將這些決定歸類為高影響，這是很合理的，當我們審視所花費的時間和精力時，我們往往會事後合理化以及為其辯護。想著你要去哪裡度假這件事真是太有趣了！

這點非常重要。正如我們從行為見解中學到的，深思熟慮總是會消耗我們的能量。如果我們把所有的努力都花在對實現目標沒有任何影響的決策上，我們就不太可能把努力用在真正能產生影響的決策上。換句話說，即使我們意識到，假如要去海灘度假之前實現減肥目標，今晚就需要去健身房運動，但如果我們在晚上早些時候已經浪費了大把精力在試圖決定要去西班牙還是義大利的海灘度假的話，要穿上運動鞋走出前門就很困難了。我們更有可能會這麼想：「啊，沒關係，我可以明天去」——拖延。你當下可能不會意識到這個關聯：你可能會合理化（「明天我會從中獲得更多」），但這就是實際上發生的事情。

總而言之，當談到低頻率決策時，我們可能會搞不清楚什麼是重要的。與高影響決策相關的獎勵通常會被認為很低，因此我們不會採取、或拖延採取行動或決策。同樣地，由於浪費了精力在低影響決策上，高影響決策的成本頓時變得更高了。

高頻率和影響

我們已經討論了低頻率決策。接下來，讓我們來看看高頻率決策。這些是你經常做出的決定——每月不只一次。有些非常頻繁，每天都會發生。其他可能是每週或每兩週一次。需要注意的重點是，高頻率決策通常會觸發一連串的捷思法，使腦力勞動減少至最低限度。這些都是我們非常熟練會做出的決定，也就代表我們很少會深思熟慮，常常會選擇依賴直覺和內心感受。我試圖要讓你理解，並非所有決策都是對等的。高和低影響的層面是不同的。最好是在高影響領域深思熟慮，然後不用花費太多心力在低影響領域上。這樣可以減少在不符合我們目標的決策上的資源影響。

當談到頻率的時候，錯誤分類指的是在不需要時深思熟慮，而在需要時卻憑直覺行事。在一般情況下，我們預期高頻率決策無需太多深思熟慮。這是顯而易見的——你不會過度考慮是否要喝咖啡還是要去刷牙。然而，有一種例外，當一個人總是對自己做出的決定有內在動機時，我們預期他們會有更多的深思熟慮。例如，有人可能會花很多時間決定要穿什麼，因為挑選和搭配衣服的過程讓他們感到開心。然而，就像低頻率決策一樣，這麼做的缺點是花費心力。反之亦然。我們可能不想處理一個高影響決策，因為我們看不到自己如何、或何時會獲得回報，因此，我們懶得多想。

這裡的思路很簡單，直接延續上述的低頻率決策的推論。高頻率決策往往依賴於系統一流程，這正是因為它們是高頻率的。重複使我們形成了經驗法則來幫助決策，進而將努力成本降至最低。只有在我們有內在動機時，我們才會進行更多的深思熟慮，因為我們意識到採取行動（深思熟慮）會帶來更高的回報，而這份回報高過於我們所付出的努力。這麼一來，低影響的事物（因此不值得再三考慮）可能會被感知為高影響的（因此值得再三考慮）。這會浪費時間和努力。同樣地，也往往是更重要地，有些高影響的事情可能會被認知為低影響的，於是就不會去深思熟慮。例如，我們可能不覺得在每週的例行採購上深思是一件重要的事，但假如我們嘗試要吃得健康一點的話，正是這樣的深思細想能夠幫助我們實現目標。

整體來說，這意謂著錯誤分類主要是由兩個原因造成，這與上述討論到的框架相符。要嘛感知到的回報太低，要嘛深思熟慮的成本太高。在低頻率情況下（沒有可用的簡易捷思法），獎勵非常重要，因為大多數決策都帶有相關的高成本。當我們選擇把精力花在其他地方時，成本甚至更高，但主要問題是對獎勵的感知。在高頻率情況下，獎勵仍然很重要，但由於已經實施了容易取得的捷思法，深思熟慮的成本可能會變得更高，因此對獎勵的感知再次變得至關重要。另一方面，如果你能夠藉著深思熟慮為自己創造一個好的捷思法——例如，如果你的每週採買包含了維持均衡飲食所需要的一切食物——你就可以在不花時間思考的情況下，重複實施它。

社會法則

在繼續之前，讓我們回顧一下本章所學到的內容，同時思考如何開始將這些知識付諸行動。錯誤分類伴隨的影響層面會依據我們的動機（第三章）發生在兩個方面：如果我們認為一個活動具有內在獎勵，我們傾向於將其歸類為高影響活動（這對我來說是重要的，因此我會去做），而一個幾乎沒有內在獎勵的活動可能會被歸類為低影響活動。這些分類是基於我們對活動的感知，而不是現實。當我們透過思考目標來訓練我們的感知時，我們可能會改變感知到的獎勵和成本。

例如，考慮到吃甜點的決定。以系統一思維，吃甜點所得到的回饋是正面評估。這個活動具有內在動機，因為它讓我很開心。系統一思維還讓我單獨評估這個決定，讓我認為這個決定提供了立即的好處，並且不會對長期健康造成任何相關成本。這一切都意謂著我們認為自己正在做類型一的決策（蘋果還是橘子）。但事情並非如此。我們正在做類型四的決策（洋芋片還是堅果）。我們認為這個決定沒有影響，但這是我們感知的一個詭計。如果我們訓練自己去意識到自己真正在做哪些決定，並且將這些決定與我們的目標保持一致，那麼我們就更有可能做出正確的決定。在這種情況下，我們需要強迫自己去深思熟慮。或者，我們需要移除掉能夠選擇甜點的這個選項，這麼一來，我們就會仔細思考是否要積極出門一趟去買東西，大多數時候，我們懶得去做。

再舉另一個例子，讓我們考慮購買一台洗衣機的情況。我沒有能夠依賴的簡易自動化思考流程來幫助我做出這個決定，因為我不常購買洗衣機。我們認為自己正在做出一個重要的決定，我們必須再三考慮。但是，如果我們買了一台在預算範圍內的洗衣機，消費資本主義的魔力在於，一台價值二百英鎊的洗衣機基本上與另一台價值二百英鎊的洗衣機幾乎是一樣的。不幸的是，我們很容易花費大量的時間在這類決定上——即使這對你的福祉影響微乎其微，甚至可能是負面的。再次強調，根據你的目標，你需要制定一個訓練流程。例如，如果我的目標是存錢，那麼，將這個決定歸類在類型三（純素主義者還是肉食主義者）是合適的（二百英鎊是一筆不小的錢，你可以買到更便宜的嗎？）。然而，如果我有其他目標，將這個決定歸類為類型二（中式還是韓式）而因此只需要一點努力和思考（你已經設定好二百英鎊的預算，脫水循環會持續多久並不重要）。當談到洗衣機時，你可以憑直覺做決定，而且不良影響極小。萬一出現問題，總有退貨政策。

由於心理資源需要付出努力，在低影響決策上花時間思考會導致我們延緩或推遲高影響決策。這可能會是一個大問題。這意謂著我們專注在錯誤的事情上。更糟糕的是，我們知道，當影響愈高的時候，基於恐懼，人們反而愈不會去多想做錯決定的後果——他們更有可能依賴自動思考（或「憑直覺行事」）。自動思考對低影響決策來說是可行的，但對於高影響決策來說可能會是災難性的。很多時候，即使你知道情況並非如此，你最終還是會把高影響決策視為低影響決策……因為你把所有寶貴的心理資源都浪費在了錯誤分類的低影響決策上！

關於決策的錯誤分類不利於我們去成功處理困難的決策。時間和心理資源的限制會導致錯誤的決策。如果你要做出很糟的決定，請確定這與你的福祉無關再去做。

支撐這個框架的是前幾章關於動機和努力的內容。這就是為什麼我們會基於影響而做出錯誤分類決策的關鍵。我們想要盡快、盡可能輕鬆地抵達最高點。但生活並不是這樣的。有些事情很困難。你完全有能力做出正確的選擇，但你必須盡最大努力去做。只有當你弄清楚什麼是重要的，並將你的精力集中在那裡，你才能夠做到這一點。請記住，容易做出的決策可能會被認為是重要的，而難以做出的決策可能會被忽略。這兩種錯誤的分類都會帶來嚴重的長期後果。

小方塊：輪到你了！

作業#9

關於這個練習，我希望你想一下低影響和高影響的決策，並嘗試配對它們。我想請你寫下一個目標，以及你目前做的三個決定，這些決定對你的福祉並沒有幫助。我希望你用現在有助於實現你目標的決定來替換這些決定。例如，你可以考慮將一些對你的成長和發展幫助不大的事（像是在網上隨機觀看影片）替換成有助於實現你指定目標的事。不用擔心這會花一些時間——這本來就是一項有難度的練習。請試著強調這三個決定。

想一想你習慣想太多的低影響決策。在本章中，我們討論了購買，但也許在你準備好要念書之前，你花了很多時間在決定念書的地方。圖書館還是咖啡館？在家裡還是在學校？當你做出選擇時，你已經浪費了本可以用來念書的心智能量。花費時間仔細思考哪裡是最佳學習地點是值得的。但就這麼一次。不是每天。咖啡館可能比圖書館更愉快，但你可能更容易分心。將你的目標（數學要拿九十分）應用到這個決定上，選擇你認為最有可能幫助你向前邁進的地點。然後，只有在學習的時候才去那裡。隨著時間的推移，這個決定會成為一種經驗法則，你不用再多加思索。這只是一個例子，但無論你的目標是什麼，你可以明確做出一次正確的決定，並持續運用下去。深思熟慮，下次做出更好的決定。然後，經由重複，將這個決定變成能夠輕鬆應對的情況。

目標#1：		
決定		決定細節：
決定1	我目前這麼做：	
	我想用這個替換：	
決定2	我目前這麼做：	
	我想用這個替換：	
決定3	我目前這麼做：	
	我想用這個替換：	

參考資料：

Parkinson, C. N. *Parkinson's Law and Other Studies in Administration*. Houghton Mi□in Company, Boston, 1957.

Homer, Frederic D. and Levine, Charles H. 'Triviocracy: Sayre's law revisited.' *Review of Policy Research* 5, no. 2 (1985): 241–252.

Issawi, Charles Philip. *Issawi's Laws of Social Motion*. Hawthorn Books, 1973.

Kahn, Alfred E. 'The tyranny of small decisions: Market failures, imperfections, and the limits of economics.' *Kyklos* 19, no. 1 (1966): 23–47.

Marewski, Julian N., Gaissmaier, Wolfgang and Gigerenzer, Gerd.'Good judgments do not require complex cognition.' *Cognitive Processing* 11, no. 2 (2010): 103–121.

第十章

我想要加入健身房！

——基於頻率的錯誤分類

維克．坦尼（Vic Tanny）在二十歲出頭時，住在他的家鄉紐約，是一名學校老師。在業餘時間，他是一名健美運動員。維克發現到健身房的需求，並且在他父母家的車庫裡開設一間，向其他前來使用的舉重運動員收取費用。這是一次不太成功的創業，坦尼最終關了店並搬到洛杉磯取得教育學學位。在南加州大學期間，坦尼（和他的弟弟）開設了一間更正式的健身房，名為「西岸坦尼」。在接下來的三十年裡，坦尼健身帝國迅速發

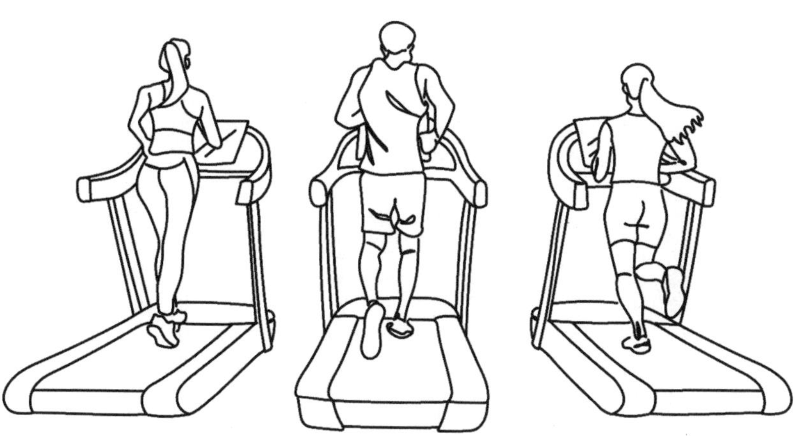

展，在北美各地擴展至近一百間據點。

坦尼是健身界的傳奇人物，他開創了現代健身俱樂部以及會員制度。在嘗試（但失敗）讓他的生意繼續下去之後，他注意到一些關於健身需求的模式。一直以來，健身房主要面向三類客群：健美運動員、家庭主婦和名人。健身房通常只專門為各個群體提供服務。坦尼不禁想著，為什麼沒有健身房可以同時滿足所有群體的需求。他試圖明確創立這樣的健身房，並經常將健身器材和其他吸引人的設施相結合，像是保齡球館和溜冰場。

但是坦尼真正的創新並不是上述的誘人之處，而是他採用了年度會員制度。最終，年度會員制的這個想法在整個健身產業中蔓延開來，而他的實施方式促成了業務的進一步擴張。坦尼注意到，許多不固定的使用者都把加入健身房的費用作為他們不加入的主要原因。他想到解決這個問題的辦法。年度會員制度對他有利，因為他可以利用提前產生的預收收入來獲得貸款和擴大業務。[1]

健身房的會員數量會在每年的一月份出現例行性的高峰，隨後會逐月減少——這個現象太好預測了，以至於行為科學將它稱之為「新起點效應」（Fresh Start effect）。[2]這種效應可以在許多消費行為中看到，但在健康和健身領域尤其明顯。然而，大部分在假期後增加的高峰會在二月至三月時大幅減少。如果有一種方法是，即便那些不常使用的會員沒有實際使用這些設備，但仍然可以從他們身上設法獲取費用，那會是怎麼樣呢？

坦尼偉大的創新在於，設定會員合約時，他提高了月費合約的價格，同時保持年費合約相對便宜。這樣會讓更多的人選擇年費合約，即使他們當中有許多人不會經常去健身房也沒有關係。然後，他又推出多年期的合約。最終，這些年度會員制的結構會變成貸款的概念，而不是月費。這麼一來，當人們來報名時，他們會簽下一份多年的合約，即使他們可能使用健身房的時間不會超過一個月。由於費用被安排為貸款，解除合約將會帶來負面影響，例如，損害你的信用評等，這對於想要離開的會員來說構成了一個主要遏制因素。

健身房的解約變成眾所周知地困難，以至於有專門的網站致力於確保消費者運用法規來保障自己的利益。西澳政府就是一個典型的例子，他們制定了「健身法規」，對於健身行業中的任何業務制定了部分規定。這個法規列出了一系列規定，包括會員資格取消，其中規定「所有會員協議中，必須包含有關如何取消會員資格，以及如何透過電子方式取消會員資格的詳細資訊」。[3]

高影響和頻率

想一想加入健身房的決定。典型的消費者決定加入健身房是因為他們認為需要保持更好的身材。健身房會員數量通常會在新年期間激增，那時正是人們制定新年新希望的時候。此時，有一個人（讓我們統稱為「山姆」）決定，練好身材最簡單的方法就是開始運動。由於健身器材很昂貴，山姆決定最好的方法就是去健身房。他決定加入成為會員，或在當地的健身房體驗試用期。山姆相信，這是一個很好的決定，因為這一直是阻礙他前進的一件事；能夠使用器材將有助於他健身。山姆知道接下來要面對的會是艱辛的努力，但他相信，如果沒有這關鍵的第一步，他無法走得更遠。

健身產業規模龐大，在全球擁有近二億名會員，二〇一九年營收近一千億美元。光是在美國，就有六千四百二十萬人擁有健身房會員資格[4]。健身產業知道你會來，也知道你為什麼會來。健身產業還知道，你不知道自己實際上使用健身房的頻率。而它只要一次機會就可以把你帶進它的懷抱。

但是，你可能會問，到底為什麼會這樣呢？人們肯定有先見之明去評估他們實際上會去健身房的次數，然後簽訂一份合約，以最低的成本為自己提供最高的利益，對吧？對吧？

不盡然。事實上，在一項具有里程碑意義的研究中，研究人員研究了美國七千多名健身房會員在過去三年內的決定。具體來說，他們想了解的是人們選擇的合約類型以及他們承接的好處（以去健身房的次數衡量）。這篇論文研究了個人的決定，特別是他們在加入健身房時選擇的合約。[5]

你看，當你去健身房時，你通常會收到兩份、有時是三份主要合約。一種是隨用隨付合約，通常在使用時會花費更多。第二種合約（銷售人員會推銷你簽訂）是會員資格，通常是月費會員，第三種合約是折扣年度會員資格。在這項研究中，人們會在這三種合約之間做出選擇。年費合約需要預付十個月的費用，月費合約包含自動向個人收取月費並設定自動續約，而隨用隨付的費用最高。或者說看起來是如此。

為了讓月費會員比按次付費更便宜，會員需要每月至少去健身房八次。研究人員發現，人們平均每月去健身房的次數不到五次，這代表他們在月費合約上支付的費用要高出許多。此外，研究人員還發現，簽訂這種自動循環合約的人會比簽訂年費合約（需要手動續約）的人保留超過一年以上的更長時間合約。因此，山姆很有可能不會失去他的「爸氣身材」，但他肯定會在接下來的幾年裡失去一些錢財！

當你思考這個問題時，這聽起來似乎不太可能。人們應該會意識到他們不會經常去健身房，無法充分讓他們的合約值回票價，他們應該取消。為什麼他們沒有這麼做呢？雖然年費合約的預先付款更便宜，但月費合約比年費合約更容易被接受。我剛剛描述的第一種現象通常歸因於過度自信：人們認為自己會去健身房的次數比實際上要多。[6]他們的會員資格是一份具有約束力的合約（有時稱為承諾機制），這將促使他們去健身房，因為他們正在花錢，並希望獲得價值。但問題是，人類的思維並不是這樣運作的。一旦我們支付了健身房的費用，我們似乎就完全無視它了。

於是，山姆決定要變得更健康。這導致他決定加入健身房。這是一個昂貴且情感上費勁的決定，但他做到了。業務人員表示，如果每月去健身房十五次，這份合約就非常划算。因此，山姆做出了一個看似理性的決定，如果他每個月支付十五次的費用，那麼他就會每個月去十五次。但結果他沒有。他只去了兩次。

決心變得更健康而導致加入健身房的決定。但這需要促成更多進一步的決定才會實際去健身房。還有一大堆關於去健身房的其他決定——決定收拾山姆的包包、決定搭乘去健身房的公車，而不是回他家的公車、決定每天什麼時間去以及每週哪幾天去。所有這些進一步的決定，加起來就是實際去健身房的決定，最終導致「意圖與行為之間的差距」。這是行為科學中一個眾所周知的發現，即有良好意圖的人往往難以執行他們想要的行動。動機是存在的，但不知何故，他們沒有堅持完成。[7]

讓我們以稍微不同的方式來描述這個情況。想想我們先前討論過的決策模式。簡單來說：

- 如果回報大於付出，就會採取行動。
- 如果付出大於回報，就不會採取任何行動。

為了做出決定，回報必須大於成本。以成為健身房會員的決策為例。論證是這樣的，每次去健身房的成本是盡可能最低的了，因此去健身房的決定有更高的成功機會。到目前為止，一切都好。此外，由於成本已經產生了，我們可以假設每次去健身房的成本為零。因此，唯一需要考慮的便是努力成本——實質上的，也就是「好的，我要穿上運動鞋去健身房」的這個努力。

不幸的是，努力成本在一開始並不明顯。我們無法在當下知道未來要去健身需要付出多少努力。你的動機在一開始也不是很明顯——當外面下著傾盆大雨，你懶得去健身房的時候，你搞不清楚需要多少錢才能讓自己從沙發上爬起來。你在沒有完整資訊的情況下做出了加入健身房的決定，認為這樣的成本會鞭策你行動。但已經產生的成本並不會鞭策你採取行動。你不會晚上躺在床上想著六個月前買的那杯你根本不需要的咖啡。你不會晚上躺在床上想著你沒有使用的健身房會員資格。你擔心的是你現在需要支付的費用。

問題是，健身產業知道你會來。他們知道大多數加入健身房的人（尤其是在新年期間）不會頻繁地回來。因此，當你實際上偶爾才會去健身房，他們需要確保能從你身上賺取盡可能多的錢。[8]為什麼他們知道這一點？經過多年來（暗地）研究人類行為，他們發現大多數用戶做出加入健身房的決定是出於情感，權衡感知的成本和收益，最終得出的結論是「從明天開始」。但明天永遠不會來。

走另一條路

在上一章中，我們主要討論了高影響決策。基本主張是，高影響的決策往往更難執行。它們帶有巨大的努力成本，雖然終身的回報可能很大，但即時的回報卻很小。因此，我們選擇避免這樣的決策（或根本懶得去做），因為在當下，它們會帶來痛苦而獎勵又很少。

然而，我們知道這些高影響決策對我們是好的，因此我們想對此採取某種行動。做出像新年新希望這樣的事情是很常見的：做出一個困難的決定，然後就不再堅持下去。健身產業透過簽訂下我們的意圖，並斷定意圖與行為之間的差距來利用人類行為的這個層面從中獲利。

那麼，低影響決策呢？長遠來看，這些決策並不是那麼重要，而它們也無助於我們的目標。這些決策在頻率維度上是如何運作的呢？

嗯，讓我們來看看去酒吧的決定。這大概是一個比去健身房更愉快的經歷（至少對很多人來說是這樣！）。對許多英國人來說，這個決定相當頻繁會發生，雖然它在一般意義上可能會產生頗大的影響（畢竟，與朋友和家人們共度時光對我們的精神狀態有很大的幫助），但它通常被歸類為低影響決策，因為它一般不會對我們的目標產生直接貢獻。因此，諸如此類的決定會產生相反的影響；努力成本低，有一些金錢成本，但就酒吧本身的美好體驗而言，獎勵是高的。於是當面臨去酒吧的決定時，人們很容易就會說「好」。

我們再舉一個例子，購物的決定。對於那些喜歡購物的人來說，這個決定會帶來高獎勵，而通常努力的成本很低，線上購物更是如此。金錢成本也同樣存在著變數，可高可低，但由於這是一項令人感到愉快的活動，我們大多數人都樂於經常去購物。

現在，這兩項活動（或任何類似的活動）都具有很高的內在獎勵，因此我們會經常參與在其中。我們不是把這些事當作低頻率決策，而是轉變為高頻率決策。最終，我們會比理想情況下更加頻繁地參與這些活動，於是，在此時這些看似無害的活動開始轉變成負面影響。想像一下有個人每天都去酒吧。雖然偶一為之確實對心理健康和幸福感有益，但每天都去可能會帶來回報遞減。因此，你可能會開始想要更頻繁地去獲得那種現在更加難以找到的幸福感提升。每天去酒吧，有時甚至在午餐時間喝點小酒，你設法保持了這份高回報。幾年過去了，你已經出現了酗酒問題。除了許多健康問題之外，每天去酒吧對你的財務狀況造成的影響也是毀滅性的。假設你每天去酒吧聊天，只喝礦泉水好了。即便如此，你幾乎肯定抽不出時間寫完那部劇本或參加那場馬拉松。當我們決定要做的那些無傷大雅之事吞噬掉我們所做的有影響力的事情時，這些看似無害的事物就變得嚴重了。

整體來說，要考慮的關鍵因素是採取行動所帶來的立即獎勵與長遠獎勵之間的比較。正如我們在第四章中所討論的，個人往往是雙曲貼現者（hyperbolic discounters），意思是立即獎勵比長遠獎勵更具重要性。這使得帶有長期獲益的活動變得更難以參與。

對於那些我們不喜歡但帶有高影響的決策，我們往往會自欺欺人地降低它們的頻率。我們欺騙自己，讓自己相信加入健身房與實際去健身房具有同樣的好處，因為做出這些決定的努力成本只需要一次，而不需要很多次，但獎勵也同樣稀少。

因此，對於低影響決策而言，動機的作用至關重要：如果過程或結果令人感到愉快，我們就傾向於花更多的時間和心理資源去做出這些決策。我們也傾向於將低頻率決策轉變為高頻率決策，因為我們喜歡做我們決定要做的任何事情。以購買昂貴的演唱會門票為例，無論結果如何，買票的過程都是有趣的。也就是說，對於我們許多人來說，收集有關演唱會的資訊、聆聽我們即將要聽到的音樂、傳訊息給朋友看看誰有空，以及想一下結束後我們想去的酒吧，這些舉動都是令人感到愉快的。確實，與其他我們會做的事情相比，例如查看電子郵件，這些當然更令人感到愉快。

做出要購買演唱會門票的這個決定很有趣。正因如此，我們被誘發投入比所需更多的資源。這是一個關鍵點：因為我們在做出特定決策的過程中找到了樂趣，於是我們傾向於增加做出類似決策的頻率。我們的自動思考過程通常會根據決策所帶來的愉悅程度來評估決策的效用，尤其是在決策的影響程度上缺乏可觀察到的回饋時。

如果我們認為某件事影響不大（我每天都會經過甜甜圈店，今天我走進去買一個給自己。畢竟，就只是一個而已），我們會依賴情感思維來指引我們。我們的理由是，我們不需要在這種後果很小的決策上花費資源。利用我們接收到的立即回饋，情感思維會增加做出決策的頻率（天啊，那個甜甜圈真好吃，也許明天經過時我再買一個吧）。

正如我們之前所提到的，對於我們感知到的高影響決策，動機的作用至關重要。首先，如果我們認為某個決策影響重大，我們更有可能會仔細思考來評估決策。其次，收到關於決策影響的回饋很重要——它會對我們的情緒狀態產生重大的影響。正如前面說的，假如結果對我們有利，我們會從這個決策中獲得快樂。但假如結果不如預期，我們會感到痛苦。這是很重要的一點：如果我們知道這個決策很困難，而回饋可能是負面的，我們就會強烈傾向於減少這類決策的頻率。

因此，對於典型的高風險決策，我們更傾向於做一次選擇（加入健身房、買一本減肥書），而不是一次又一次地做出選擇（去健身房、水煮蔬菜而不是起司通心麵）。由於我們知道這是一個困難的決定，而且回饋可能是負面的，因此我們傾向於減少這個決策的頻率（加入健身房，而不是去健身房）以保存資源。

回顧這一章和上一章，你需要記住一件事：這是永遠不會改變的。如果你覺得去健身房是困難的，你就更難去健身房。你不可能突然變成一個截然不同的人。如果你總是討厭游泳，你不會因為在當地游泳池買了年票就突然愛上游泳。但是，知道要怎麼對你正在做出的決策進行分類，並採取措施來調整它們——讓低影響的決策變得高影響，或者低頻率的決策變得高頻率——這對於減輕我們無法完成任務的負面影響有很大的幫助。這麼做是建立決策思維的關鍵——你正在擺脫干擾，並從日常的挑戰中獲得最大的收穫。

小方塊：輪到你了！

作業#10

你曾經定過新年新希望嗎？你曾經買過一本減肥書，然後沒有堅持飲食計劃嗎？加入健身房可能會讓你再三考慮，因為你不會每天都去健身房。這可能感覺像是朝著你的目標邁出的一大步。但如果你不去健身房，那麼這就是一個低影響的決策——不值得花時間去考慮。它什麼也沒做。辨識你在生活中做過這種決定的時刻，並開始思考在你的生活中有哪些方面可以消除這些浪費、低風險的決策。

接下來，看看你浪費在低影響高頻率決策上的時間——漫無目的地滑手機是一個絕佳的例子。整個社群媒體世界都是為了讓你做出高頻率、低影響的選擇而建立的。讓你感覺自己好像正在做某些事情，但實際上，你什麼也沒有做。試著辨識出你將時間和精力浪費在哪些事情上，而這些事情並不會讓你朝著目標前進。

目標＃1：		
決定		決定細節：
決定一	我目前這麼做：	
	我想用這個替換：	
決定二	我目前這麼做：	
	我想用這個替換：	
決定三	我目前這麼做：	
	我想用這個替換：	

參考資料：

Black, Jonathan. *Making the American Body: The Remarkable Saga of the Men and Women Whose Feats, Feuds, and Passions Shaped Fitness History*. University of Nebraska Press, 2013.

Dai, Hengchen, Milkman, Katherine L. and Riis, Jason. 'The fresh start e□ect: Temporal landmarks motivate aspirational behavior.' *Management Science* 60, no. 10 (2014): 2563–2582.

DellaVigna, Stefano and Malmendier, Ulrike. 'Paying not to go to the gym.' *American Economic Review* 96, no. 3 (2006): 694–719.

Moore, Don A. and Healy, Paul J. 'The trouble with overconfidence.' *Psychological Review* 115, no. 2 (2008): 502.

Sheeran, Paschal and Webb, Thomas L. 'The intention–behavior gap.' *Social and Personality Psychology Compass* 10, no. 9 (2016): 503–518.

Carrera, Mariana, Royer, Heather, Stehr, Mark and Sydnor, Justin. 'Can financial incentives help people trying to establish new habits? Experimental evidence with new gym members.' *Journal of Health Economics* 58 (2018): 202–214.

第十一章

讓我們開始吧！
——建立並實施你的計劃

回到最一開始

你可能認為自己已經讀完這本書，因此「完成了」。並不是的。戰鬥才正要開始。現在你已經理解了創造決策思維的一切科學知識。在本章中，我們將一起努力，將計劃付諸行動，並在最終建立起決策思維。

首先，讓我們再回顧一下決策框架。根據決策的頻率以及這些決策對我們的生活和福祉的影響，我們的框架將

決策分為四類。

或許這本書帶給你的最重要見解是，我們不擅長分類自己的決定，如果你想追求自己的願望，你需要變得更好。現在，你可能會評估你所做的每一個決定，但這會非常沒有效率！因此，我們需要一些時間來完成一些關鍵決策，以便日後能夠及時將這些決策導向更自動化的流程。

在每一章中，我都請你完成一項作業，把該篇章的理念付諸實行。如果你都有進行那些作業，那麼，你已經完成了大部分工作。在本章中，我們將重新審視那些活動並將它們結合起來。請隨時參考你那些作業的答案，並在我們進行的過程中將它們放過來這裡。然而，由於你現在已經掌握了行為見解和路線圖，這也是回顧

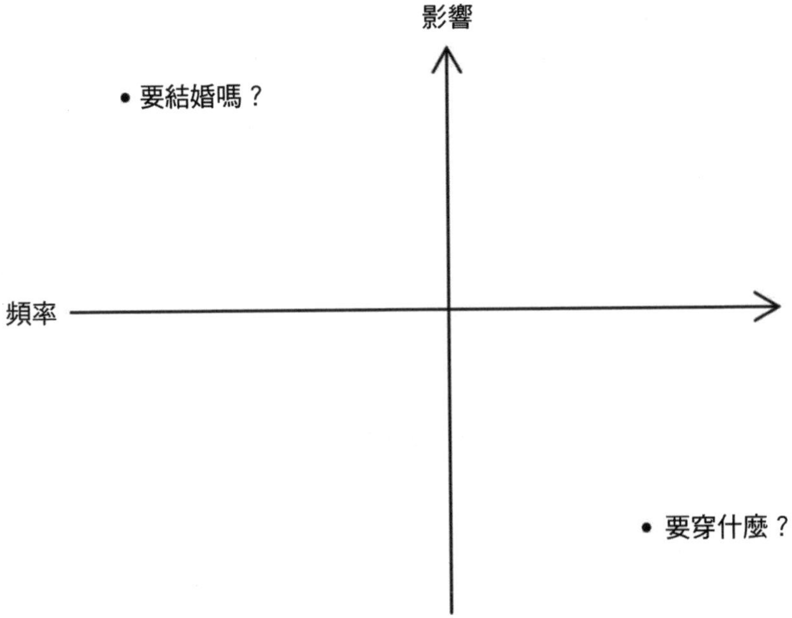

和修正的好時機。

讓我們回顧一下這些見解：

行為見解

見解＃1：決策需要付出努力

見解＃2：我為什麼會怎麼做？動機的作用

見解＃3：我何時想要？現在的力量

見解＃4：感知形塑決定

快速回顧一下我們在第一部分中學到的見解：關於決策科學的第一個重要見解，幾乎在所有行為科學書籍中都會談論到，就是關於決策的系統一和系統二流程。我們稱之為自動化和深思熟慮的思維系統，系統一是前者，系統二是後者。這兩個系統之間的區別主要在於做出決策所需的努力。系統一決策是憑感覺和條件反射進行的，幾乎不需要任何心理資源。系統二決策則是深思熟慮和理性的，需要付出大量的努力和思考。我們列舉了各種例子，但一個經典的例子可能是：系統一決策是你不假思索做出的決定——像是早上起床刷牙。日常生活中的事。系統二決策需要時間和精力，像是選擇一個房子，或選擇你最喜歡的寵物狗品種。[1]

另一件要記住的事情是，人類生來就是會保存資源。對於我們許多人來說，我們更喜歡坐著不動，而不是運動健身。我們更喜歡穿著睡衣在家發懶，而不是做家事。我們更喜歡不動腦的看《戀愛島》，而不是閱讀伊曼努爾．康德的書。身體資源和心理資源都是——資源。人類有一種內在的恐懼，擔心自己會耗盡這些資源。它會保存這些資源，以便在關鍵時刻能夠動用它們。「認知的吝嗇者」這個詞適用於大多數人。[2]讓我們深深記住這一點：每當我們需要採取行動來追求我們的目標時，都需要付出努力，而我們的大腦不會無緣無故做出努力。

我們可以利用這一點來制定一個簡單的策略，讓我們知道如何做出決策，請記住：

- 如果回報大於付出，就會採取行動。
- 如果付出大於回報，就不會採取任何行動。

回報必須大於付出。但付出和回報取決於你的感知。因此，**感知付出必須小於感知回報**。

不參與決策會造成後果。這意謂著我們默認了自動形式的思考，要嘛避免做出決定，要嘛在當下做任何我們想做的事。過度依賴系統一決策可能是你一開始翻開這本書的原因。你正在做的事在當下感覺很好，但最終會傷害到你和你的福祉。甜甜圈太多、綠色蔬菜不足。無意識滑手機太多、專注學習不足。花在當地酒吧的錢太多、安排退休計劃的錢不足。

請記住，你在財務上尚未有保障的原因（以我提出的例子為例）是因為，到目前為止，事實證明，要實現財務保障所需要的許多決定都過於痛苦及費力。它們需要太多的努力，但帶給你的回報太少了。我們將改變這一切。但這需要真正的深思熟慮與真實的參與。

你為了實現自己的願望所做的每一個決定都會讓你付出代價（也就是努力）。但它也會帶來一些回報。這些回報可以是物質的、心理的、社會的，或者是這三者的某種組合。但重要的是要認知到，你之所以沒有參與這個與你願望相關的活動，是因為你所感知到的成本太高，而你所感知到的獎勵太低。你必須運用你的決策思維來改變這些成本和獎勵。因此，讓我們修改一下你的決策計算，讓你有最好的機會來實現你所追求的願望。

在本章中，我會要求你做一些事情。跟前面一樣，你必須實際去執行。這是實現計劃的一個重要步驟，因此，雖然這看起來和光在腦海中執行這些行動是一樣的，但如果你跟著做並採取適當的步驟，你會從本章節和本書中獲得更多。所以，請拿起一支筆，準備好在本章節中做下大量註記。

且讓我來給你一個接下來會發生什麼事的小整理吧，我們將依照以下步驟來建立你的決策思維：

決策思維計劃七步驟：

第一步：　寫下你的願望
第二步：　寫下實現你願望的具體目標
第三步：　將目標拆解為一連串重複的決策
第四步：　依決策的低頻率或高頻率進行分類
第五步：　對於每個高影響決策，指出一個低影響決策
第六步：　建構獎勵（即兌現）
第七步：　列出你的回饋和修正計劃

步驟零：認識自己

首先，讓我們稍微了解一下自己。我將這個步驟稱為「步驟零」，因為，我希望閱讀這本書能夠讓你增加一點自我覺察（self-awareness）。增加自我覺察是一個不間斷的過程，而人是會改變的。改變和了解自己是這個過程中持續的一部分。我希望你進行幾個簡短的活動，目的是讓你

更了解你自己。請盡可能誠實地回答這些問題（除了你自己，沒有人會看到！）。

了解你自己＃1：在下面的小方框中，想一想你平常的一天。試著詳細描述你覺得自己能量最高和最低的時刻。我所謂的能量是指通常你感覺想要做事情（高能量）和感覺遲鈍或疲倦（低能量）的時候。這是為了利用或避免在這些時刻做決策。

能量時間安排一覽表

一天中的時間	**能量程度（圈選一項）**	
清晨（六點至九點）	低	高
上午（九點至中午）	低	高
午後（中午至三點）	低	高
下午（三點至六點）	低	高
傍晚（六點至九點）	低	高
晚上（九點至午夜）	低	高
凌晨（午夜至三點）	低	高
拂曉（三點至六點）	低	高

了解你自己#2：在下一個表格中有一系列小知識問題。請不用擔心為什麼我們現在要做這些，只要盡你所能地回答即可，也請不要查找答案！

小知識時間！

問題一：母雞平均一年會生多少蛋？　你的回答：＿＿＿＿＿＿

問題二：艾菲爾鐵塔的高度是多少（公尺）？　你的回答：＿＿＿＿＿＿

問題三：科羅拉多河的長度是多少（公里）？　你的回答：＿＿＿＿＿＿

接下來，請根據你上面的答案回答下列問題。對於每個問題，你有多少把握自己給出的答案接近於正確答案的誤差值十單位之內，請評分：

小知識時間！

問題一：（蛋）你對自己寫的答案有沒有信心？

完全沒信心

有一點信心

非常有信心

問題二：（艾菲爾鐵塔）你對自己寫的答案有沒有信心？

完全沒信心
有一點信心
非常有信心

問題三：（科羅拉多河）你對自己寫的答案有沒有信心？

完全沒信心
有一點信心
非常有信心

這個簡單的測試將讓你對自己的整體信心程度有所了解。大多數人沒辦法馬上說出答案。然而，許多人覺得自己好像知道答案，而且通常有信心自己的回答接近於正確答案。如果你覺得自己「有一點信心」或「非常有信心」能夠回答上述的任何一個問題，那麼，你應該是對自己過度自信了。[3]

了解自己是過度自信還是缺乏自信的類型是很重要的。缺乏自信的人往往沒有太高的期望，但研究表明，我們大多數人往往都過於自信（男性多過於女性[4]）。事實上，過度自信是我們在感知的篇章（第五章）中討論過的一種明顯偏見。這非常重要，因為它會影響你如何感知努力。如果你過於自信，你會認為自己不需要付出那麼多努力來完成你需要做的事情。這意謂著幾個月後現實會狠狠打擊你，甚至很有可能會使你放棄。

控制你的過度自信可以避免這種命運。如果你最終的進展確實比原先計劃的還要快速，那就太棒了！

了解你自己#3：在接下來的部分，請以零到十之間的分數誠實回答這兩個問題：

時間偏好一覽	
問題一：你通常是一個沒耐心的人還是總是表現出極大耐心的人？	0：極度沒耐心；10：非常有耐心 你的回答：＿＿＿＿
問題二：你通常是個衝動的人嗎？	0：完全不衝動；10：非常衝動 你的回答：＿＿＿＿

請記下你的回答。如果你對問題一的回答是五或更低，那你應該認為自己是一個缺乏耐心的人；如果你對問題二的回答是五或**更高**，那你應該認為自己是一個衝動的人。[5]

好了，若完成了，讓我們來回顧一下。根據以上資訊，你現在知道應該在一天中的哪些時刻嘗試做出高影響的決策。現在你也應該知道你是否普遍被歸類為**過度自信**的人、**不耐煩**的人和**衝**

動的人了。

現在有了解自己了嗎？好，讓我們繼續下去。

步驟一：寫下你的願望

讓我們回到最一開始——設定你的願望。我們之所以在一開始設下這些願望是為了讓我們有機會在過程中修改它們。現在我們想要保持專注。意思是說我們要把我們的決策思維專注在一個願望上，唯一的一個願望。之後你可以隨時回來並針對多個願望重新做這些練習，但現在讓我們只專注在一個願望上。正如你將看到的，這很快就會令人感到不知所措，因此將事情保持單純明確會更容易一點。你要選擇哪個願望由你自己決定，但請試著專注在你認為對你的福祉最有幫助的那個願望上。

你要怎麼選擇？我留給你自己決定，但我鼓勵你選擇你認為對自己的福祉和改善生活最重要的願望。另一個策略可能是選擇一個你知道將會是明確的、可衡量的，因而更容易有進展的目標。

請開始在這裡寫下你的選擇，並試著以全新的視角來填寫下列表框內的部分：

願望：

你想要達成什麼願望？

你為什麼想要達成這個願望（它將如何改變你的生活）？

你想在何時達成這個願望？

步驟二：寫下你的目標

太好了！我們已經邁出重要的第一步！現在讓我們再前進一步：我們需要設定目標。在第六章中，我們討論了你需要設定自己的目標，因為它們本身就具有激勵作用。由別人指定並強加於我們的目標影響較小，也不太可能實現。

所以，請寫下一個源自於你願望的目標。盡可能明確，提出一個在理想情況下希望達到目標的時間範圍，以及你如何得知你已經實現了它。你將如何衡量這份完成？是否有一些可以量化的指標可以使用？接下來，思考一下目標的可實現性。請記住，目標設定低一點會更好（尤其是如果你通常會過於自信，但即便不是如此！）。

想一想你為什麼想要實現這個目標。你是否可以把它和你正在講述的一些關於你自己的故事聯繫起來？它是否有一個你可以從內在找到的目的（我想減肥，因為我想要健康、長壽的人生，於是我便可以成為最好的父母，並在某個時刻，成為最好的祖父母），而不是從外在而來的（我想減肥，這樣人們在海邊看到我的時候，他們會覺得我很好看）？

這就是為什麼你需要多個目標：將一個願望拆解成小塊，可以讓你用不同的方式觀察自己的進展。對於像是減肥這樣的願望來說，這可能還算容易。你的目標可以是在六個月內每週去一次健身房，並在六個月內固定每個月量體重。

對於其他願望，例如，試圖減輕工作上的壓力，這可能就複雜了。想一下你是否需要另一個人協助提供你客觀（但正面！）的回饋。回饋系統取決於目標或願望。無論情況是什麼，花點時間想一想你的願望，也花點時間將願望拆解成小塊。我建議你在此回顧一下相關的章節（第六章和第九章），以確保你有執行這個行動的框架概念。盡可能詳細，不要省略任何細節。每個部分對於這趟旅程來說都很重要。

只要你想修改願望，你隨時可以返回步驟一，然後再回到這一步驟，把它拆解成多個目標。例如，你的願望可能是學習法語。你可能在一開始就寫下它是你的願望。但就你現在所學習到的，將它拆解成一系列明確目標是讓你跨越的方式。以下是我如何建構的示範：

願望：學習法語

- 目標一：每天使用語言學習應用程式至少五分鐘。六個月後修改。
- 目標二：每週一小時的家教課或自主學習。六個月後修改。
- 目標三：練習法國文化協會提供的課程教材單元測驗。每月至少嘗試一次。一年後修改。
- 目標四：參加認證機構的語言測驗。每年至少嘗試一次。一年後修改。
- 目標五：三年內通過語言流利度測驗。

請留意每個目標都有自己的時間範圍，並直接源自於願望。請務必不斷地回到願望上。始終確保每個修改後的目標確實對應於你的願望。你不會想獲得大量動力卻將你帶向你從未期望的方向。

請記住，運用我們在第六章中介紹的 S.M.A.R.T. 原則。[6] 讓我們提醒一下自己設定良好目標的關鍵要點：

- 明確：目標是否明確？
- 可衡量：目標可以量化和／或衡量嗎？
- 可實現：目標是否太困難？
- 關聯性：目標是否符合你的願望？
- 時間性：目標有一個終點嗎？

要記住，S.M.A.R.T.目標不應該模糊不清，而是要具體。少說「減肥」，多說「接下來的六個月，每週一、三、五我至少要去健身房一小時」。試著寫下至少一個具有明確終點的目標。你可以在這個過程中增加更多目標，但你需要至少一個。請記住，雖然雄心壯志和突破自我很重要，但同樣重要的是切實可行。

目標一

描述你的目標

你的目標明確嗎？何以見得？	
你的目標可衡量嗎？你如何衡量進度？	
你的目標可以實現嗎？為什麼會怎麼認為？	
你的目標有關聯性嗎？它對你的願望有何幫助？	
你的目標有時間性嗎？你的時間安排是什麼？	

目標二

描述你的目標

你的目標明確嗎？何以見得？

你的目標可衡量嗎？你如何衡量進度？

你的目標可以實現嗎？為什麼會怎麼認為？

你的目標有關聯性嗎？它對你的願望有何幫助？

你的目標有時間性嗎？你的時間安排是什麼？

目標三

描述你的目標

你的目標明確嗎？何以見得？

你的目標可衡量嗎？你如何衡量進度？

你的目標可以實現嗎？為什麼會怎麼認為？

你的目標有關聯性嗎？它對你的願望有何幫助？

你的目標有時間性嗎？你的時間安排是什麼？

全做完了？

別那麼快！考量到你對自己的了解，這些目標真的可以實現嗎？你是否過於自信？如果是的話，請花點時間仔細檢視這些目標，同時真誠地、甚至殘酷地對自己誠實。請確保考量到你的自信程度並對應地修改你的目標。一定要花時間認真考慮修改，因為這裡正是事情會出錯的階段。如果你過於自信（我們大多數人都是如此），請考慮設定一個較低的標準，以便在達成時再進行目標修改。不用擔心把標準設得太低，該擔心的是把標準設得太高。

還沒完呢。你是不是不耐煩了？你急躁了嗎？那麼，再檢查一下目標，如果有需要的話，修改時間表。

一旦完成後，我們就可以進入步驟三了。請耐心完成這個步驟，這裡很重要。

步驟三：將目標拆解為一連串重複的決策

接下來，我們需要考慮每一個可能對達成這些目標有影響的決定。這部分很困難。這需要一些時間，當你閱讀完本章節的其餘部分時，或甚至，一旦你開始實行、並發現有比你預期的更多決定要考慮時，你可能會回來修改這份記錄。

但現在，我希望你能專注於上面列出的一個目標，在進行更複雜的事情之前，先一步一步來，超級簡單明瞭。這種簡單性一開始可能會讓人覺得有點煩，但從長遠來看，這將對你有好處，所以，堅持下去吧。

當你試圖實現你的目標時，你會做出什麼樣的決定？

這些目標有一系列的決策，這些都是必不可少的要素。我希望你盡可能地寫下有助於達成目標（因而，也有助於實現願望）的決策。舉個例子，讓我們以實現財務保障的願望為例，為了便於討論，假設你設定了一個目標：在未來五十年內開發一個五十萬英鎊的投資組合，其中包括房地產在內。

這將會有大量的決策。有些你無法預測，但許多其他決策則簡單得多。在最基本的層面上，你需要決定開立一個儲蓄帳戶。其中，你需要決定要開立哪一個儲蓄帳戶。你需要決定把錢存進這個帳戶。你可能會決定設定自動扣款比臨時安排存款更有效率。接下來，你可能還要考慮一些決策，諸如研究投資帳戶、研究股票、債券和共同基金。然後，你可能需要決定開立一個投資帳戶、或者投資組合配置、或者退休基金。你可能需要決定回去念大學，以便日後能夠找到一份薪水更高的工作。你可能需要考慮何時何地購買房地產，這意謂著抵押貸款、事務律師、保險等等。你還必須決定如何規劃預算，也就是每天都要決定是在咖啡館買咖啡，還是在家使用法式濾壓壺。

我想表達的是，設定一個目標充滿了決策。大多數時候，我們事先不會想到我們需要做出那麼多的決定，其中一些是困難的。這就是這個練習的重點。仔細思考你正在做出的所有選擇，以及它們如何推動或分散你的目標。

發揮創意並集思廣益，盡可能想出你能想到的決定。在這個時候，你不應該擔心你是否有能力做到所有這些事情，或者是否不切實際，只要把你認為可能對於實現願望有幫助的一切都寫下來。在上述的財務例子中，或許你知道自己不會在短期內回去念大學並獲得更高薪的工作。即使如此，還是值得想像一下，如果你有無限的時間和資源可用，你會有什麼不同的作為。這可能會激發你找到你能夠做出的高影響決策。

在這個階段要有耐心。這有點像清理廚房。你必須先把櫥櫃裡的所有東西都拿出來，因此弄得一團亂，然後才能再次整理好一切。重大的人生目標涉及許多步驟和許多決定。這是非常正常的。只要盡可能地寫下你能想到的所有事情就好。當你準備好後，我們就接著分類吧。

目標一

描述你的目標

你需要做出的關鍵決定是什麼？

這個關鍵決定是何時發生的？

你為什麼可能選擇不做出這個決定？

還有其他需要做出的決定嗎？

目標二

描述你的目標

目標三

描述你的目標

你需要做出的關鍵決定是什麼？	這個關鍵決定是何時發生的？	你為什麼可能選擇不做出這個決定？	還有其他需要做出的決定嗎？

你需要做出的關鍵決定是什麼？	
這個關鍵決定是何時發生的？	
你為什麼可能選擇不做出這個決定？	
還有其他需要做出的決定嗎？	

步驟四：依決策的低頻率或高頻率進行分類

現在這一步已經完成，你已經列出了有助於實現目標和願望的所有決定，這看起來確實很嚇人，對吧？下一步我們要做的是組織所有這些決定，並將它們放入「決策框架」中。我們將要做的方式是，把經常做出的決定和不常做出的決定加以分類。正如我所說的，你實際上只會做出四種類型的決定。知道自己正在做出什麼樣的決定就已經成功一半了。

請注意，到目前為止，關於哪些決定是經常做的、哪些是不常做的，我們還沒有制定出任何指引。這在很大程度上取決於我們所討論的目標／願望類型，因為有些目標有更多的低頻率決策，而有些目標則有更多的高頻率決策。一般來說，擁有更多的低頻率決策通常是好事，因為你可以確保在低頻率決策上投入很多的努力，然後，希望在未來獲得回報。再次以上述的財務目標為例，設定每月自動扣款將一定金額存入儲蓄帳戶是一個低頻率決策。但藉由自動化的儲蓄過程，一切也都水到渠成，你也就無需依賴自己的意志力了。

讓我們把事情說得再具體一點。由於我們大多數人的生活是以月為週期，一種有效的思考方式是根據我們以每月做一次或做多次決定來劃分頻率。如果你感覺這沒有那麼有效用，另一種方式是以每日與非每日，或每週或非每週來劃分。不過，一般說來，每月發生一次以上的任何事情都可以合理被視為是頻繁的。

將你寫下的決策清單分為類型三（高影響、低頻率──純素主義者還是肉食主義者）或類型四（高影響、高頻率──洋芋片還是堅果）決策。由於這些是高影響決策，它們會直接影響你的目標，這些是你需要特別注意的決策。制定目標的目的正是為了依循影響層面來定義決策。類型三和類型四決策是你需要在生活中建立起來的。現在讓我們來將它們分類，請填寫進下面表框中。

例如，我將上面列出的決策清單分為類型三和類型四決策。

目標：未來三十年的一份五十萬英鎊投資組合，包含房地產在內。

類型三（低頻率）決策：

- 開設儲蓄帳戶
- 研究投資帳戶
- 研究股票、債券、共同基金
- 開設投資帳戶
- 研究投資組合分配
- 研究退休基金
- 決定要學習的技能

類型四（高頻率）決策：

- 將錢轉入儲蓄帳戶
- 尋找一份新工作
- 學習一項新技能

- 申請工作
- 尋找發展人際關係的機會
- 堅持每日、每週和每月的日常開銷預算

決策紀錄

目標／決策	概要	頻率（圈選一項）	
目標1：決策1		低	高
目標1：決策2		低	高
目標1：決策3		低	高
目標2：決策1		低	高
目標2：決策2		低	高
目標2：決策3		低	高
目標3：決策1		低	高
目標3：決策2		低	高
目標3：決策3		低	高

到目前為止，一切都好。請記住，現在的這些決策都只是非常粗略的指引。目的是要幫助你之後做出的一系列決策。此時此刻，這似乎是一項艱巨的任務，因為你尚未完成這個過程的其餘部分。請不要擔心，也不必灰心——當我們完成剩下的步驟時，事情會變得更加清楚明瞭。你能走到這一步已經做得很好了。

好的，太棒了。你現在對所有你需要做出的高影響決策有了概念。你要如何開始做出這些決策呢？

現在，完成這些初步步驟後，接下來是比較棘手的部分。

步驟五：對於每個高影響決策，指出一個低影響決策

在第一章中，我們討論了比爾．威爾遜和他酗酒的故事，在第二章中，我們討論了馬文．倫斯洛，那架不幸的大陸航空三四零七航班的飛行員。這兩個案例都有一個共同點：決策疲勞。[7]一次又一次地在各項任務上投入心理資源，耗盡了他們的資源，以至於他們不再能夠做出正確的決定。這導致了致命的後果。但在這兩種情況下，帶來這些可怕後果的最終決定不應斷章取義。比爾在喝到失去一切之前拒絕過好幾杯酒。關於穩定飛機的執行操作，馬文之前已經做過很多次了。他們之所以做出了錯誤的決定，是因為在做出最終的災難性選擇時，都感到極度疲勞。比爾

認為喝一杯應該不會怎麼樣。馬文認為飛機不會墜毀。對回報的感知太低，而努力成本太高。這裡強調的是「**感知**」這個詞。

想一想我們簡單的決策模式：

- 如果回報大於付出，就會採取行動。
- 如果付出大於回報，就不會採取任何行動。

但思考一下：為什麼付出的努力成本太高呢？這是由於環繞著這個決定的背景脈絡。比爾已經在導致不幸的決策上花費了資源。馬文已經在導致這個不幸決策之前的任務上花費了資源。付出的努力成本如此之高，是因為在此之前就已經產生了高昂成本。因此，我們必須首先考慮的是如何**降低**努力成本，以做出有助於實現目標的決策。

顯然，降低這些努力成本的最簡單方法是考慮你可能會放棄什麼。為此，現在我們需要考慮低影響決策（類型一決策——蘋果還是橘子，以及類型二決策——中式還是韓式）。這些不需要像高影響決策一樣受到任何總體目標的驅使，但它們需要被明確表述和寫下來。這是因為框架的一個重要部分，就是我所謂的「天下沒有白吃的午餐」原則。這裡的想法是，為實現你的目標而付出的努力不會像變魔術一樣輕易就變出來。你這一生已經花費時間在這一連串的活動上，而這些活動形塑出你這個人。因此，你需要注意並了解你將付出的努力是從何而來。這個框架不仰賴於「做更多的事」，而是仰賴於「做不同的事」。

這是為什麼呢？你利用時間的方式是基於你是什麼樣的人。有些人比其他人有更多的閒暇時間。甲可能會覺得乙的閒暇時間是一種浪費，但如果乙沒有閒暇時間，他會感到不快樂以及心靈上得不到滿足。想想你在任一天、一週或一年中花在各項活動上的時間，並問問自己真正從中得到的好處是什麼。

我所提到的一個例子便是，史蒂夫・賈伯斯最著名的偏好就是每天穿同樣的衣服。其他名人（阿爾伯特・愛因斯坦、巴拉克・歐巴馬）也採取了同樣的策略。[8] 為什麼？這樣就不必浪費心理資源決定每天要穿什麼。然後這些資源會被重新安排到其他地方。這些人知道他們的心理資源對他們以及他們的工作有多重要。因為他們會從其他地方四處削減成本。

然而，對其他人來說，這種特定的策略（每天穿同樣的衣服）並不那麼容易實施。首先，它適用於那些不會根據自己的外表而感受到好處或獎勵的個人。他們認為為了沒有感知到的好處而付出努力的成本是不合理的（使用我們上述的公式），因此，他們決定採取一種策略，讓自己不再需要做出這個決定（顯然他們仍然需要穿衣服，他們只是有很多件同樣的衣服，作者本人也多次這麼做過）。

對於你上述為了實現目標所做的每個決策，我們現在需要明確提出對應於相同時間框架（每日、每週、每年）的低影響決策（即不適用於你的目標），而你將以高影響的決策來取而代之。請注意，你所列出的清單不需要完全對應，但你應該要試著找到在頻率上相應的決策，你願意放棄這些決策來履行能夠實現你目標的（高影響）決策。同時也請注意，你也無需在頻率上找到完全相符的。例如，如果你每天都在打電動，你可能會考慮偶爾在這裡、那裡跳過一兩個小時，這樣你就可以每週增加一個高影響的決策。

這可能是最困難的練習，也是你可能需要重新審視的事情。你可能會發現，你放棄的某些事對你的福祉比你原先意識到的還要來得重要。同樣，你可能會驚訝於你並不怎麼想念某些活動，只是出於習慣而進行那些活動。不過，請試著遵循這裡的替換原則，用有益於你目標的活動來替換掉那些無益於你目標的活動。

你可能有幾個高頻率、高影響的決策可以將它們自動化，將它們轉變為低頻率的決策。例如，上面列出的財務規劃清單，你可以設定自動扣款將錢自動轉移到儲蓄帳戶中。你可以在求職應用程式上設定個人資料，讓它自動發送符合特定範圍內的工作通知給你。在預算方面，你可以創造出讓自己不花錢的最佳機會，例如，你可以投資一個保溫瓶，每天出門之前把它裝滿，這麼一來你在通勤期間就不用花錢買咖啡了。或者，你可以用線上購物並安排直接送貨到家，從而確保你在可控的環境並且在適合你的時間做出購買家用和雜貨的相關決定，而不是在漫長的一天結束後，身處於一個旨在吸引你注意力並讓你花錢的環境中。這些都只是一些例子，但無論目標是什麼，其中總有一些彈性空間可以讓你將高頻率決策轉變為低頻率決策的。

決策替換指南——目標一

決策	頻率	待辦事項	決策細節
	低　高	我會多做這樣的事：	
決策一	低　高	我會少做這樣的事：	
	低　高	我會多做這樣的事：	
決策二	低　高	我會少做這樣的事：	
	低　高	我會多做這樣的事：	
決策三	低　高	我會少做這樣的事：	

決策替換指南——目標二

決策	頻率	待辦事項	決策細節
	低　高	我會多做這樣的事：	
決策一	低　高	我會少做這樣的事：	

決策二	低　高	我會多做這樣的事：
	低　高	我會少做這樣的事：
決策三	低　高	我會多做這樣的事：
	低　高	我會少做這樣的事：

決策替換指南——目標三

決策	頻率	待辦事項	決策細節
決策一	低　高	我會多做這樣的事：	
	低　高	我會少做這樣的事：	
決策二	低　高	我會多做這樣的事：	
	低　高	我會少做這樣的事：	
決策三	低　高	我會多做這樣的事：	
	低　高	我會少做這樣的事：	

完成這些步驟後要考慮的最後一個重點是，如果你感到疲勞，你會發現自己很難做出決定。疲勞並不一定源自於任何一種特定原因，但重點是要知道，當我們疲勞時，付出努力的成本會變得更大，忽略決定或拖延的可能性也會變得更高。你必須把握做出正確決策的時機。事實上，這裡指的是，如果你是一個晨型人，那麼你最好每天起床後立刻進行十五分鐘的語言練習。同樣地，如果你是夜貓子，請在晚上做出決定，以充分運用你的能量。無論你的生理時鐘是什麼，如果你的工作非常耗費資源，那麼在工作日之前、而不是在工作日之後結構化決策就非常重要。

話雖如此，但我有一種直覺，你擁有不同類型的努力資源。從事認知理解工作、具有高度動機的人可能會發現他們喜歡在下班後去運動，因為這有助於他們「宣洩壓力」。再次強調，獲益（宣洩壓力）必須大於成本。對應於白天認知工作的「陽」，「宣洩壓力」往往是身體上的「陰」。你很難想像有人在白天做了一整天的金融分析工作後，接著還透過下棋或學習一門新語言等其他高認知理解的活動來「宣洩壓力」。無論哪種方式，我想說的重點是，你需要稍微嘗試看看，以各種不同類型的活動來組織你的一天，可能會為你帶來比你想像中更多的空間，因為兩種類型活動之間的對比也是某種程度上的獎勵。

在下方的表框中，依你所指出的每項決定，請寫下你打算執行這些事的目標時間。請記下你的高能量時間，並試著盡可能符合這些時間點，以最大程度發揮你可以用在自己身上的高能量。

時間安排指南

目標／決策	概要	目標時間
目標1——決策1		
目標1——決策2		
目標1——決策3		
目標2——決策1		
目標2——決策2		
目標2——決策3		
目標3——決策1		
目標3——決策2		
目標3——決策3		

這個部分可能感覺像是一個小問題。許多人在面對A或B兩種選擇時，會希望選擇第三個選項：兩者都選。但這是無法永續的。如果你想要實現你的目標，一定程度上的犧牲是必然的。這意謂著別對自己那麼嚴格，讓自己有更多的資源用在與目標相關的活動上。事實上，你只是一個

人，無法同時做太多事情。不過，你要替換的決策不必同時發生。合理安排決策時間非常重要，這樣感知到的努力就不會大於實際所需的努力。以去健身房為例，雖然我之前提到了「宣洩壓力」，但對於一般不熱衷去健身房的人來說，在疲憊的一天結束後去健身房要比在一天的疲憊開始時來得更困難。在可能的情況下，請試著安排決策以盡可能地善用你的資源。

步驟六：建構獎勵

這個步驟基本上是詳細說明在做出符合你目標的決策時，你將獲得的獎勵。我們將進行一系列的練習來取得進展。請記住我們簡單的決策模式：

- 如果回報大於付出，就會採取行動。
- 如果付出大於回報，就不會採取任何行動。

我們可以透過三種方式來建構獎勵：心理獎勵、社會獎勵和物質獎勵。

然而，在我們開始之前，我們還需要了解你對於付出努力的成本可能感知到的有多高。透過評估你做出的決策，以及你為自己設定目標的動機，我們可以了解你對成本的感知有多高。這裡的重點是，盡可能地將動機與所需的決策設想得愈近愈好。

例如，你可能對於願望（鍛鍊身體）非常有動機，但對實現願望所需的決策（去健身房）卻缺乏動機。衡量你心理動機的一種方法是回答一系列從內在動機量表（Intrinsic Motivation Inventory）所改編的問題。[9]在考慮實現你願望所需的決策時，請盡量誠實地回答這些問題：

內在動機指南——目標1

決策	問題	回應	
	我想我會形容這個決定是非常享受的	不同意	同意
決策1	我想我會發現這個決定非常有趣	不同意	同意
	我想這個決定會很好玩	不同意	同意
	我想我會形容這個決定是非常享受的	不同意	同意
決策2	我想我會發現這個決定非常有趣	不同意	同意
	我想這個決定會很好玩	不同意	同意
	我想我會形容這個決定是非常享受的	不同意	同意
決策3	我想我會發現這個決定非常有趣	不同意	同意
	我想這個決定會很好玩	不同意	同意

想一下你必須做出的每一個決定，並誠實回答每個問題。如果你大多數的答案都是「不同意」，那麼你大致上是把你的心理動機歸類為「低」。如果你大多數的答案都是「同意」，那麼你大致上是把你的心理動機歸類為「高」。

請注意，這些問題可以讓你粗略地理解你做出手邊決定的動機有多大。很有可能，對於你列出的許多決定，你的執行動機是低的。如果你的動機很高，你可能已經在做這些事情了。然而，評估所有決定的這點仍然是重要的，因為有些決定你可能會喜歡（像是四處挑選健身房），而另一些決定你可能不會喜歡（實際上在健身房運動）。這很重要，因為你需要考慮如何適當地調整你的獎勵，以確保你在重要時刻做出正確的決定。

現在讓我們開始對你目前看到的決策動機進行分類。在表格中，請逐一檢查每項決策，並圈出由決策和決策本身所感知到的獎勵（不要考慮從實現願望中獲得的獎勵，這一點稍後再說）。

獎勵記錄（初步的）

目標／決策	感知獎勵（圈出所有適合選項）
目標1——決策1	無　心理　社會　物質
目標1——決策2	無　心理　社會　物質
目標1——決策3	無　心理　社會　物質

目標2——決策1	無	心理	社會	物質
目標2——決策2	無	心理	社會	物質
目標1——決策3	無	心理	社會	物質
目標3——決策1	無	心理	社會	物質
目標3——決策2	無	心理	社會	物質
目標3——決策3	無	心理	社會	物質

既然我們已經完成了進行決策所帶來的獎勵分類，現在指定我們將要干預的獎勵。意思是說，我們的下一個任務是做出每個決定，並以獎勵來強化它，最好是我們目前還沒有得到的類別。試著為目前沒有任何獎勵類型的決策建構至少兩種類型的獎勵。

關於獎勵的另一個重點是，讓這些獎勵盡可能地接近你即將要付出的努力。還記得時間偏好的章節嗎？我們自然更喜歡早一點獲得獎勵，而不是晚一點才獲得。但現在你也知道自己是否不耐煩和／或衝動。如果你有其中任何一點特質，請盡可能地讓獎勵接近你的決策。

由於長期獎勵，也就是我們的願望，非常遙遠並且以完成一系列的任務為條件，因此，在整個過程中建立期間獎勵來減輕付出努力的痛苦，這一點非常重要。

那麼，這些獎勵應該是什麼樣子呢？這取決於你，而這需要一些調整來確保它們對你是有用的，這個廣泛的原則我們在第八章所討論的「誘惑綁定實驗」[10]中已完整涵蓋。想法是將你不喜歡的活動（去健身房）和你喜歡的活動（聽有聲書）搭配在一起，提供一個激勵來抵銷任務帶來的不愉快。這當然是一個物質獎勵的例子，並且很好地展示出這個原則，特別是盡可能將獎勵的時間安排得更接近。

從這項研究中我們還學到的另一件事，要節制地使用這種類型的獎勵，只有在任務正在進行時或剛過的時候運用它，否則獎勵就不再與付出的努力相連，進而削弱其功效。換句話說，如果你打算使用物質獎勵（像是誘惑綁定），請盡可能地用在不愉快的活動上，使這份獎勵變得顯著，意思是以行動為條件。讓我們繼續以有聲書的例子來說明。你戴上耳機的那一刻就是你要開始運動的時候，而不是之前或者之後。

我們把重心集中在三個主要類別的獎勵上，以保持簡單：心理、社會和物質。心理獎勵是在參與活動的過程中獲得的。一旦你描述出要實現目標所需的決策，每次當你努力完成每項任務時，你都會經驗到一些成就感，即使很小，也與接近目標有所關聯。這可能是內在動機。然而，依賴這種類型的動機是有風險的，因為它只會在努力程度非常低的情況下抵銷努力成本。因此，儘管關於目標設定的科學清楚表明心理獎勵可以提高產出和表現，但這並不是普遍的事實。在一開始動機就很高的情況下，這更有可能有所幫助。

假設你是一名菁英等級的一萬公尺跑步選手。你已經跑步多年，你熱愛跑步，而碰巧你也擅長這項運動。設定一個在十六週內獲得奧運參賽資格的目標，對你來說可能是一份激勵。你已經擁有大量的內在動機，現在還有一個外在的激勵因素。相較之下，有些人討厭跑步，設定一個在十六週內跑完一萬公尺的目標，可能只會讓你在第一週去慢跑十分鐘。而單單就這個目標本身，這可能無法讓你走得更遠。

第二種形式的心理獎勵來自超出預期的回饋。這就是為什麼回饋的時機如此重要的原因。當朝著目標前進的進展是易於衡量時（例如減肥），那麼在理想情況下，應該在回饋可能超出預期時尋求回饋的進展，而不是在回饋沒有超出預期時。這裡指的是兩件事。首先是保持較低的期望（說起來容易做起來難，尤其是在你過於自信的情況下）；其次是要不斷提醒自己，你現在在做的事需要很長的時間，只有在一段實際的時間範圍後才能期望看到結果。同樣，在減肥的情況下，重要的是給你的身體一點時間來適應新的生活方式，然後再利用回饋激勵自己。

如果你像大多數人一樣過於自信，那麼你需要相應調整自己的期望。原則上，就是將你期望在第一個里程碑看到的成果減半，這麼一來，你可以試著確保回饋更有可能發揮激勵作用，而不是讓你失去動力。

尋求回饋很重要，這不僅在於動機方面。重要的是用它來校準你的目標和決策，確保你正在取得進展，並檢視你為自己設定的目標是否切實可行。你會受到激勵去尋求回饋來追蹤你的進度。只要確認它對你是有用的，而不是反過來。給自己足夠的時間並相應地維持你的期望。

其他方面的獎勵是社會的和物質的。物質獎勵是顯而易見的，但還是值得重申。盡你所能地定期犒賞自己，並以付出努力為條件獲得犒賞。重要的是，獎勵不應與目標本身相抵觸（例如，不要在運動後吃甜甜圈）。理想情況下，它應該是你因為喜歡而喜歡、但通常不會做的事情。例如，花時間在網路上觀看影片通常不會是一個顯著的獎勵，因為這件事很容易做到並且普遍存在。對於高頻率、高影響的決策，好的獎勵可能包括與親人共度美好時光、去看一場電影或閱讀一本小說（至少對我來說是如此）。有沒有一種方式讓你可以安排你的運動時間，並藉此讓你「賺到」運動之後與朋友一起去看電影的機會？

社會獎勵也是類似的。與某個你信任的人一起工作，讓你負起責任，並在你需要付出努力時為你加油。你可能不陌生健身夥伴的概念。健身夥伴的動力和情感支持是另一種獎勵。如果你想要開始運動，加入俱樂部可能會是一個好方法，可以省去很多關於獎勵的思考。俱樂部自然會提供社會獎勵，並利用競爭來激勵你。回想一下比爾和匿名戒酒會（第一章）的故事——AA聚會當然是在團體中進行的，而不是一對一的方式。學習一項新技能也是如此——加入學習小組或報名參加課程。或許對於更私人的目標，像是財務目標，社會獎勵可能較難以獲得。但是，一位愛你的伴侶、甚至是父母或兄弟姐妹，肯定會在你歷經起伏的過程中為你加油鼓勵。要求另一個人盯著你，讓你為自己的計劃負責，這會增加違背計劃的成本，而讓你不容易放棄——這是一種承諾機制。

現在，花點時間思考一下你之前概述的一些主要決策，並制定一個獎勵和回饋策略。請注意，你不必填寫所有的獎勵，但請至少寫下兩點（可以是同一類別的獎勵）。這是為了降低獎勵本身變得沒有動機的可能性。

目標一——獎勵策略		
決定一	每當我做出這個決定／任務時，我都會透過以下方式獎勵我自己：	心理上的：＿＿＿＿ 社會上的：＿＿＿＿ 物質上的：＿＿＿＿
決定二	每當我做出這個決定／任務時，我都會透過以下方式獎勵我自己：	心理上的：＿＿＿＿ 社會上的：＿＿＿＿ 物質上的：＿＿＿＿
決定三	每當我做出這個決定／任務時，我都會透過以下方式獎勵我自己：	心理上的：＿＿＿＿ 社會上的：＿＿＿＿ 物質上的：＿＿＿＿

步驟七：設定回饋和修改計劃

最後，讓我們設定一項評估或回饋計劃表。當你這麼做的時候，請不要忘記檢查你的信心程度並進行相對應的調整（過度自信的類型，請設定一個比你認為恰當的時間再更長一點的日期）。

回饋計劃表

目標／決策		日期
目標1—決策1	我承諾在這個日期尋求關於我的進展的回饋：	
目標1—決策2	我承諾在這個日期尋求關於我的進展的回饋：	
目標1—決策3	我承諾在這個日期尋求關於我的進展的回饋：	
目標2—決策1	我承諾在這個日期尋求關於我的進展的回饋：	
目標2—決策2	我承諾在這個日期尋求關於我的進展的回饋：	
目標2—決策3	我承諾在這個日期尋求關於我的進展的回饋：	
目標3—決策1	我承諾在這個日期尋求關於我的進展的回饋：	
目標3—決策2	我承諾在這個日期尋求關於我的進展的回饋：	
目標3—決策3	我承諾在這個日期尋求關於我的進展的回饋：	

謝謝你到目前為止的堅持。如果你按照每個步驟來進行，你已經在實現自己願望的路途上了。請記住，你很難指望自己在接下來的人生中每一天都能按照計劃行事。生活中總是會有一些事情令你偏離軌道。但無論何時遇到困難，請都回到你的計劃中。重新開始，堅持下去。提醒自己你的願望是什麼，以及你距離實現它有多麼接近了。

我們在旅程一開始就定下了多個願望，但只實現了其中一個。一次專注於一個願望對你有好處，因為只有少許的事情需要擔心。只有少許的決定和行動，只有少許的事要記住。然而，這個框架足以適用於一系列的願望，因此如果你相信自己能夠做到，請這麼做吧。我想說的是，在你掌握這種思維方式之前，你應該試著一次只完成一個願望。我建議在你相對穩定、並朝著實現第一個願望而努力時，你可以回顧這一章節。

回顧一下，以下是所有後續目標應遵循的步驟：

決策思維計劃七步驟：

第一步：　寫下你的願望
第二步：　寫下實現你願望的具體目標
第三步：　將目標拆解為一連串重複的決策
第四步：　依決策的低頻率或高頻率進行分類

第五步：　對於每個高影響決策，指出一個低影響決策
第六步：　建構獎勵（即兌現）
第七步：　列出你的回饋和修正計劃

在整個過程中，要注意你的動機、你的（過度）自信，並掌握你的高能量時機。這是非常有幫助的資訊，將有助於你的旅程。利用它來調整你的策略。隨著時間，你會發現你自然而然地開始修正你的策略。不斷回顧並思考你所做的努力是否產生了你希望看到的進展。目標是否愈來愈近，你是否樂意捨下你所放棄的東西。這些步驟將使你變得更快樂、更健康、更平靜。

祝你好運，建立你的決策思維。我為你加油！

參考資料：

Kahneman, Daniel. *Thinking, Fast and Slow*. Macmillan, 2011.

Fiske, Susan T. and Taylor, Shelley E. *Social Cognition*. McGraw-Hill Book Company, 1991.

Stanovich, Keith E. *What Intelligence Tests Miss: The Psychology of Rational Thought*. Yale University Press, 2009.

Ortoleva, Pietro and Snowberg, Erik. 'Overconfidence in political behavior.' *American Economic Review* 105, no. 2 (2015): 504–535.

Niederle, Muriel and Vesterlund, Lise. 'Gender and competition.' *Annual Review of Economics* 3, no. 1 (2011): 601–630.

Vischer, Thomas, Dohmen, Thomas, Falk, Armin, Hu□man, David, Schupp, Jürgen, Sunde, Uwe and Wagner, Gert G. 'Validating an ultra-short survey measure of patience.' *Economics Letters* 120, no. 2 (2013): 142–145.

Doran, George T. 'There's a SMART way to write management's goals and objectives.' *Management Review* 70, no. 11 (1981): 35–36.

Shenhav, Amitai, Musslick, Sebastian, Lieder, Falk, Kool, Wouter, Gri□ths, Thomas L., Cohen, Jonathan D. and Botvinick, Matthew M. 'Toward a rational and mecha- nistic account of mental e□ort.' *Annual Review of Neuroscience* 40 (2017): 99–124.

Schwartz, Barry. 'The paradox of choice: Why more is less.' New York: Ecco, 2004.

Amabile, Teresa M., Hill, Karl G., Hennessey, Beth A. and Tighe, Elizabeth M. 'The work preference inventory: Assessing intrinsic and extrinsic motivational orienta- tions.' *Journal of Personality and Social Psychology* 66, no. 5 (1994): 950.

Milkman, Katherine L., Minson, Julia A. and Volpp, Kevin G. M. 'Holding the hunger games hostage at the gym: An evaluation of temptation bundling.' *Management Science* 60, no. 2 (2014): 283–299.

後記
人vs山

慢點慢點

我攀登吉力馬札羅山的經歷是這本書的靈感來源。登頂吉力馬札羅山是不可能的嗎？

不是的。還是，有很多人嘗試但只有少數人成功嗎？也不是。事實上，大多數人都能登上山頂，這很難，但可以實現。同樣地，我們大多數人確實可以定期儲蓄、健身並維持良好的實踐，以促進我們的身心健康。我們大多數人都可以戒菸或抑制過度喝酒。

攀登吉力馬札羅山之於我是一個挑戰。我不確定會發生什麼事，我完全沒有準備，每一步都很痛苦、每一口呼吸都難以承受，想要放棄的念頭非常真切。

然而，我還是成功了。

但我不是憑一己之力做到的。我得到幫助。我得到支持。我有一個非常明確的目標。我充滿動力。我得到回饋。我得到我的獎勵。最重要的是，我有艾曼紐爾。每次我想要得到回饋時，我都可以問艾曼紐爾。當我想要得到鼓勵時，我問艾曼紐爾。當我想知道放棄的後果時：艾曼紐爾。

正如我一開始所說的，我想要寫一本可以成為你的艾曼紐爾的書。這本書將幫助你走上正確的道路並堅持下去。利用我對尖端行為科學的知識理解，我試圖為你制定一份實用指南，讓你運作並且反覆使用，幫助你保持在正軌。就像我在吉力馬札羅山的時候一樣，當你需要鼓勵、需要一些回饋時，請回到這本書。

我不會在這裡過分承諾。《決策思維》不是關於實現不可能的事。我並不會說，只要你按照本書中的步驟，你就可以成為梅西（Lionel Messi）或瑪麗．居禮（Marie Curie）。但這不是重點。重點在於你可以實現一個對你來說很困難的願望。生活是艱難的，每個人不盡相同。但《決策思維》會幫助你在可能的範圍內實現你想要的目標。如果你想升職、減掉幾公斤，或整理自己的財務狀況，你絕對可以做到。*Polepole pollole*。慢點慢點。

本書中的見解並非來自我在吉力馬札羅山的經歷。它們來自我的研究。然而，我並不是一個完全脫離實踐的客觀研究者。在本書的書寫過程中，我能夠將這些原則和見解付諸實踐。就像攀登吉力馬札羅山一樣，我想說的是，大多數人如果真的想嘗試的話，都可以寫一本書。但這不是說這件事很容易。相信我，並非如此！決策思維是先決條件。你需要決定你想做到這件事，而且你需要著手去做。

像這樣的長期計劃需要大量的時間、耐心和投入精神。在寫這本書的過程中，我經歷了一連串與疫情相關的健康恐慌，包括長達六個月的症狀，以及我的第一個孩子的出生。每一件事都足以中止這個計劃，但，**慢點慢點**，我不斷重拾，最終實現了目標。最後，我想花點時間帶你走過我歷經的階段，讓你看到這些階段是如何幫助我完成這本書並交至你手中。

決策思維計劃七步驟：

第一步：　寫下你的願望
第二步：　寫下實現你願望的具體目標
第三步：　將目標拆解為一連串重複的決策
第四步：　依決策的低頻率或高頻率進行分類
第五步：　對於每個高影響決策，指出一個低影響決策
第六步：　建構獎勵（即兌現）
第七步：　列出你的回饋和修正計劃

我的決策思維：

首先是一些準備工作。如我們所了解的，認識自己、獲得自我覺察、顧及自己容易產生的偏見，是成功的關鍵部分。對我來說，我過度自信了。我經常經歷意圖和行為之間差距的影響，而且我對自己能力的評估往往是極度樂觀的。我常犯計劃謬誤。

我沒有耐心。每當我開始做某件事時，我都想盡快完成，以便繼續下一個任務。我需要正向獎勵才能繼續前進。

最後，我很衝動。當我想要把事做完時，我會有一定的情緒（而當情緒來了，我超級有效率），但同樣地，有時我會不想做任何事，或至少不那麼有效率的做事。

於是，這些都是每個人可能會遇到的困擾標準。

我還有明顯的高能量時段。我早上精力充沛，到了下午能量逐漸減弱。到了晚上活力又回來了，並在深夜急速下降。我會這麼描述它們：

活力時段：

早上六點至九點

下午三點至六點

晚上六點至九點（有時候）

好的，有了這些安排……

步驟一：寫下你的願望

願望：寫一本名為《決策思維》的書。

步驟二：寫下具體目標

目標一：每月寫一章（五千字）。

目標二：每週花一天（八小時）研究該章節的背景資料。

目標三：每週花四小時不受干擾地寫作。

這些目標是否符合S.M.A.R.T.標準？它們是否明確？目標一，明確指出了所需的章節和字數。目標二，明確指出了所需的日期和時間。目標三，明確指出了所需的小時。

這些目標是否可衡量？是的，所有三個目標都有可以衡量的標準（字數和花費時間）。

這些目標是否可實現？

是的，我相信如此。它們符合我過去的寫作型態，而且我能在日程安排中規劃好時間。

這些目標有關聯性嗎？

這些文字和時間都有助於最終成品《決策思維》的完成，所以是的，它們是有關聯的。

這些目標有時間性嗎？

是的，明確的結束時間是本書完成時，但我設定了一年的時間來完成它（十二章）。

步驟三：將目標拆解為一連串重複的決策

目標一：每月寫一章（五千字）。

決策一：在月中檢查進度。

決策二：向編輯回報我這個月的進度。

目標二：每週花一天（八小時）研究該章節的背景資料。

決策一：每週一安排研究時間，並寫下這一週的問題。

決策二：在預定時間內修改你想回答的問題。
決策三：在預定時間的最後三十分鐘內，寫下到目前為止你所學到的內容，以及接下來的步驟是什麼。

目標三：每週花四小時不受干擾地寫作。
決策一：每週一檢查進度並安排本週的寫作時間。
決策二：在預定時間內，排除所有干擾，包括電子郵件通知，然後將手機轉成靜音。
決策三：在預定時間內，在一開始的十五分鐘內至少寫出一段文字。

步驟四：根據頻率來做決策歸類

目標一—決策一—低頻率
目標一—決策二—低頻率
目標二—決策一—低頻率
目標二—決策二—高頻率
目標二—決策三—高頻率
目標三—決策一—低頻率

目標三—決策二—高頻率

目標三—決策三—高頻率

步驟五：指出一個被高影響決策取代的低影響決策

對於所有低頻率的任務：星期一下午不喝咖啡，改在辦公桌上喝茶。

涵蓋目標一—決策一；目標一—決策二；目標二—決策一；目標三—決策一

對於高頻率的任務：高影響—目標二—決策二：在預定時間內修改你想回答的問題。

低影響—目標二—決策二：取消某些計劃的每週會議（請團隊透過電子郵件與我聯絡）。

高影響—目標二—決策三：在預定時間的最後三十分鐘內，寫下到目前為止你所學到的內容，以及接下來的步驟是什麼。

低影響—目標二—決策三：線上購物，看電玩遊戲評論，查看新聞，等等。

高影響—目標三—決策二：在預定時間內，排除所有干擾，包括電子郵件通知，然後將手機轉成靜音。

低影響—目標三—決策二：線上購物，看電玩遊戲評論，查看新聞，等等。

高影響—目標三—決策三：在預定時間內，在一開始的十五分鐘內至少寫出一段文字。

低影響—目標三—決策二：不要瀏覽網站尋找「靈感」。

步驟六：建構獎勵

完成低頻率任務後：（物質上）看一集《歡樂一家親》（我愛《歡樂一家親》！）。

完成寫作時間後：（物質上）吃一包好吃的零食（我愛零食！）；（心理上）記下完成的字數並從目標中減去；（社會上）跟我的伴侶炫耀我完成了多少工作。

步驟七：設定回饋和修改計劃

在月底檢查字數並通讀章節。根據完成的工作品質修改計劃表。與編輯和出版商確認可交出的成果並討論時間表。

就這樣。簡單！

嗯……並不盡然。

若我跟你說這一切很順利的話，那我就是在說謊了。我遇到了很多、很多的阻礙。其中最主要的是長期新冠後遺症，這讓我頭痛到無法正常工作，讓我感到非常疲倦，有時甚至要在床上躺幾個星期。我的孩子、我的配偶或我自己時不時就生病，導致種種事情都進度落後。一次又一次地挫折。然而，回到我最初為自己設定的計劃，再加上美味的零食和《歡樂一家親》影集的支持，我一直堅持著我所做的事情，看著自己還有多少事情要做，緩慢、但堅持地，我完成了。我還得到了編輯和出版商的支持，他們理解我，並在必要時幫助我修改時間表。我堅持住了，而你現在手中拿著的就是成果。

我所做的每一項計劃都是一樣的。我坐下來，找出能夠完成需要做的事情的時間。我的學術生涯建立在不同專案的起起落落之上。我並不總是成功的，至少不會是一開始就成功，但我不斷重新嘗試。這就是決策思維的主要重點。一旦你坐下來思考這些步驟，你便可以針對所需進行修正每一個步驟。但如果你不斷重新嘗試，提醒自己，你踏出的每一步都距離目標更近了一步，你會成功的。我向你保證；你會成功的。

我希望我已經說服你，讓你相信自己所蘊含的潛力。我們都有缺點，雖然有許多書籍在探討如何成為一個「更好的人」，但我敦促你做的是完全相反的事。建立決策思維並不代表要成為你不是的那種人。而是正視自己的缺點，接受它們並意識到你可以與它們共同做一些困難的事情。減肥、存錢、換工作、準備考試、戒菸、寫一本書。無論是什麼，我希望《決策思維》能幫助你走上正確的道路，並希望你利用它來實現你所追求的目標。沒有魔法、沒有秘密、沒有捷徑，只有誠實、努力地完善工作。運用本書中的框架，完成第十一章的練習，將使你在限度範圍內盡可能有效率地完成任務。你是美好的，這包含了所有的不完美，因為它們造就了你。所以，無論別人怎麼說，你一定做得到……只要你知道，能夠為你自己，真正的你自己，找到做這件事的必要性。

吉力馬札羅山，烏呼魯峰——我就在那裡，右二。

照片來源：艾曼紐爾

注釋

第一章　就再喝一杯——決策框架簡介

1 Pass It On, p. 56.

2 Pass It On, p. 91.

3 Pass It On, p. 92.

第二章　長時間工作與致命失誤——決策、努力與疲勞

1 美國大陸航空3407航班墜機事件的詳細資訊來自於向美國國家運輸安全委員會（ＮＴＳＢ）提交的官方事故報告。完整報告可在ＮＴＳＢ官方網站上查看：https://www.ntsb.gov/investigations/AccidentReports/Reports/AAR1001.pdf

2 有關Wielinski家族的更多詳細資訊，請參閱：https://www.legacy.com/us/obituar-ies/buffalonews/name/douglas-wielinski-obituary?id=4712152

3 有關地面墜機的詳細資訊，請參閱：https://buffalonews.com/news/local/crime-and-courts/flight-3407-s-crash-into-family-home-is-detailed/arti-cle_fe730120-05da-5d2c-9ddd-c502035fa537.html

4 事故發生13年後，這家人與科爾根航空公司達成和解：https://buffalonews.com/news/local/crime-and-courts/wielinski-family-agrees-to-settle-ment-in-flight-3407-trial/article_979e41ab-ec11-5adc-91ae-360c53918594.html

5 有關Marvin Renslow的更多詳細資訊，請參閱：https://www.nbcnewyork.com/news/local/pilot-of-doomed-flight-described-as-by-the-book/1882835/

6 Renslow機長的活動細節已在NTSB發布的事故報告中進行了研究和記錄：https://www.ntsb.gov/investigations/AccidentReports/Reports/AAR1001.pdf

7 請參考Renslow同事的證詞：http://www.aero-news.net/index.cfm?do=main.textpost&id=2381cff5-cbb0-48ba-9190-1dce7aded551

8 NTSB事故報告，p. 8.

9 NTSB事故報告，p. 9.

10 同上

11 NTSB事故報告，p. 85. 12 See Hull (1943), p. 293.

13 見Smith (1776), Book 1, chapter 5.

14 見Kool et al. (2010).

15 更多資訊，請參考：Westbrook, Kester, and Braver (2013)

16 類似的實驗和發現請參考：McGuire and Botvinick (2010) and Botvinick, Huffstetler, and McGuire (2009)

17 有關思維和認知的雙重歷程模式的詳細資訊，請參考Posner and Snyder (1975), Stanovich and West (2000), Kahneman (2003).

18 見 Kahneman (2003) or Evans (2008).

19 同上

20 有關認知反射測試的更多詳細資訊，請參考Frederick (2005)

21 見Price and Wolfers (2010).

22 在相關研究中，Banuri、Eckel和Wilson (2022)對萊斯大學的大學生進行了一項實驗。學生被要求參加一個要求信任的遊戲。學生扮演經理或員工的角色。經理可以在來自不同宿舍（住宿學院）的高能力員工或來自同一宿舍的低能力員工之間進行選擇。一半的經理選擇了具有共同身分的低能力員工，只是因為他們更信任他們。能力較低的員工透過更努力工作來補償經理。這是群體內偏見的一個例子，但這種偏見實際上得到了回報。

23 見Pope, Price and Wolfers (2018).

24 在一項相關研究中，Axt、Casola和Nosek (2019)要求維吉尼亞大學的大學部學生評估其學術背景，以進入榮譽團隊。參與者獲得了相關資訊（平均成績、面試分數）和不相關資訊（透過使用申請人的照片：吸引力和種族群體）。在七項實驗的過程中，他們發現，被明確要求避免特定偏見的參與者表現出該偏見的減少，但對其他偏見沒有影響。換句話說，如果要求參與者避免因申請人的吸引力而產生偏見，他們會表現出減少因吸引力而產生的偏見，但因群體成員身份而產生的偏見卻沒有減少。總而言之，這些發現雖然指出了意識的重要性，但也顯示了避免主觀判斷是多麼困難。

25 心理學家Susan Fiske和Shelley Taylor在他們的著作《社會認知》（1984年）一書中介紹了「認知吝嗇者」一詞。這個術語與人類盡量減少腦力勞動的傾向有關，就像他們盡量減少體力勞動一樣。這個概念對於為什麼人們無論是智力或能力程度如何都會走思維捷徑提供了證據。也就是說，如果可以以較低的（精神或體力）成本獲得相同的回報，那麼人類的大腦就會傾向於選擇成本較低的行動。

26 有關聯美國聯邦航空總署規則變更的更多詳細資訊，請參考：https://www.pbs.org/wgbh/frontline/article/faa-issues-new-pilot-fatigue-rules/

27 更多資訊，請參考：https://www.aerotime.aero/articles/23034-flight-completely-changed-aviation-safety

第三章　群眾的智慧——決策與動機

1 有關Sir Francis Galton精彩的一生的更多詳細資訊，請參閱Brookes (2004).

2 見Galton (1907).

3 有關Galton研究結果的討論，請參閱Herzog and Hertwig (2014)

4 有關Aristotle和群眾的智慧的更多資訊，請參閱Landemore and Elster (2012).

5 有關維基百科創立的更多資訊，請參考 Reagle (2020)
6 見 Reagle (2020), chapter 1.
7 同上
8 見 Reagle (2020), chapter 5, p. 71.
9 有關馬斯洛理論的更多資訊，請參閱 Maslow (1943) or McLeod (2007)
10 見 Alder (2001).
11 更多有用的評論，請參考：Deci, Olafsen and Ryan (2017)
12 有關市場行為的早期實驗室實驗，請參閱：Smith (1962)
13 有關誘導價值理論的更多詳細資訊，請參考 Smith (1976)，誘導價值理論是經濟學實驗室實驗的核心原則。
14 例如，請參閱：Fehr, Kirchsteiger and Riedl (1998).
15 有關該實驗的詳細資訊，請參閱 DellaVigna and Pope (2018)
16 有關印尼實驗的更多詳細資訊，請參閱 See Banuri and Keefer (2016)
17 有關這些實驗的更多詳細資訊，請參閱 Banuri, Keefer and de Walque (2018)
18 詳情請參閱 Ariely, Kamenica and Prelec (2008)
19 詳情請參閱 Banuri, Dankova and Keefer (2017)
20 同上

第四章　願意等待的人是有福的——決策與時機

1 有關共有地悲劇的更多信息，請參閱 Ostrom (2008)，有關共有地治理的更多詳細資訊，請參閱 Ostrom (1990)
2 見 Ostrom (2000).
3 見 Nordman (2021), p. 31.
4 有關 Ostrom 本人的更多資訊，請參閱她的諾貝爾獎傳記：https://www.nobelprize.org/prizes/economic-sciences/2009/

ostrom/biographical/

5 Ostrom諾貝爾獎傳記：https://www.nobelprize.org/prizes/economic-sciences/2009/ostrom/biographical/

6 摘自Ostrom的講座，詳細討論如下：https://ian.umces.edu/blog/the-triumph-of-the-commons-no-actually-it-can-happen/

7 見Ostrom (1990).

8 更具體地說，她的研究與哈丁（Harding，1968）關於共有地問題的極具影響力的研究形成鮮明對比。

9 摘自Ostrom諾貝爾獎傳記：https://www.nobelprize.org/prizes/economic-sciences/2009/ostrom/biographical/

10 完全公開：Lin Ostrom的學生Rick K. Wilson後來在萊斯大學擔任政治學教授。他曾經是我的論文委員會一員，這也是Ostrom對我有這麼大影響力的重要原因

11 見Mischel, Shoda and Rodriguez (1989).

12 有一系列關於棉花糖實驗的論文。更多詳情請參閱：Mischel (1958), Mischel (1961), Mischel, Shoda and Rodriguez (1989)

13 例如，請參閱：Shoda, Mischel and Peake (1988) and Shoda, Mischel and Peake (1990).

14 見Sutter et al. (2013).

15 見Schnitker (2012).

16 同上

17 研究表明，耐心可以預測信用卡借貸和金融知識（Meier和Sprenger，2010）、吸煙和飲酒（Khwaja、Sloan和Salm，2006）；更好的營養（Weller等，2008）。

18 Schnitker (2012)報告稱，心理訓練干預可有效增強耐心。干預措施包括認知行為療法、冥想和情緒調節。請注意，雖然研究表明這是可能的，但文獻仍處於初步階段，因此我對描述改變耐心的技術不太有信心。這裡的重點是意識以及耐心如何幫助實現目標。

19 請參見Chabris等人。(2008)，他們使用了Kirby、Petry和Bickel (1999)首先引入的時間優先衡量。

20 見O’Donoghue and Rabin (1999).

21 見Augenblick, Niederle and Sprenger (2015).

22 研究表明，人們對金錢獎勵比對食物(Odum, Baumann and Rimington, 2006)、酒精(Odum and Rainaud, 2003)、巧克力、汽水（Estle et al., 2007），以其他基本必需品（像是糖或牛肉）(Ubfal, 2016)展現出更多的耐心。

第五章　你有看到一隻大猩猩嗎？——感知與現實

1 有關Paul Romer的更多資訊，請參考：https://www.nobelprize.org/prizes/economic- sciences/2018/romer/facts/

2 有關Romer開創性工作的更多資訊，請參閱：Romer (1990).

3 見https://www.wsj.com/articles/nobel-in-economics-goes-to-american-pair-1538992672

4 如需取得已終止的《營商環境報告》，請造訪：https://www.world-bank.org/en/programs/business-enabling-environment/doing-business-legacy

5 例如，請參閱Jayasuriya (2011)，該報告記錄了《營商環境報告》的正面影響，特別是對已開發國家的正面影響。

6 有關該報告獨立評估的更多資訊，請參考：https://www.reuters.com/business/external-review-finds-deeper-rot-world-bank-doing-business-rankings-2021-09-20/

7 《華爾街日報》文章：https://www.cgdev.org/blog/chart-week-3-why-world-bank-should-ditch-doing-business-rankings-one-embarrassing-chart

8 全球發展中心關於重新計算智利排名的文章：https://www.cgdev.org/blog/chart-week-3-why-world-bank-should-ditch-doing-business-rankings-one-embarrassing-chart

9 世界銀行關於停止發布《營商環境報告》的聲明：https://www.worldbank.org/en/news/statement/2021/09/16/world-bank-group-to-discontinue-doing-business-report

10 了解更多有關確認偏誤以及政治信念如何影響數據解釋的詳細資訊，請參考：Kahan等人的文章(2017)

11 有關心智模型的更多資訊，請參閱Johnson-Laird (2004).

12 例如，請參閱：Beckien and Cervone (1983) or Stoffregen and Becklen (1989).

13 見Neisser and Becklen (1975) or Simons and Chabris (1999).

14 有關選擇性注意力的文獻綜述，請參閱Driver (2001)

15 見Sunstein et al. (2007).

16 見Kahan et al. (2017).

17 見Banuri, Dercon and Gauri (2019).

18 見Kahneman and Tversky (1982).

19 有關過度自信的演化好處的更多資訊，請參閱Johnson and Fowler (2011).

20 研究人員指出了過度自信在戰爭、金融危機和股市泡沫等事件中所扮演的角色：(Camerer and Lovallo, 1999; Glaser and Weber, 2007; Howard, 1984; Malmendier and Tate, 2005; Neale and Bazerman, 1985; Odean, 1999).

21 見Moore and Healy (2008).

22 同上

23 關於YouGov民調的討論：https://www.thecut.com/2019/07/poll-1-in-8-men-think-they-can-beat-serena-williams.html

24 例如，請參閱：Alicke and Govorun (2005).

25 見Moore and Healy (2008).

26 見Eil and Rao (2011).

27 有關計劃謬誤的更多資訊，請參閱：Kahneman and Tversky (1982).

28 有關達克效應的更多資訊，請參閱：Kruger and Dunning (1999).

第六章　目標、目標、目標——目標設定的科學

1 有關飛船的更多詳細資訊以及對英國飛艇歷史的詳細研究，請參閱see Swinfield (2013).

2 Swinfield (2013), chapter 6.

3 Swinfield (2013), chapter 9.

4 有關Lord Thomson的詳細傳記，請參閱：Masefield (1982). 5 Swinfield (2013), chapter 7.

6 同上

7 同上

8 同上

9 Swinfield (2013), chapter 8.

10 Masefield (1982), p. 133.

11 Swinfield (2013), chapter 8.

12 Swinfield (2013), chapter 9.

13 Historian Douglas Botting, via Swinfield (2013), chapter 9.

14 Swinfield (2013), chapter 9.

15 Swinfield (2013), chapter 8.

16 Swinfield (2013), chapter 9.

17 見van Lent and Souverijn (2020).

18 有關目標設定和績效理論的更多背景脈絡，請參閱Locke and Latham (1990).

19 見Latham and Locke (1979).

20 有關成就感的更多資訊，請參閱：Gomez-Minambres (2012).

21 例如，請參閱：Latham and Yukl (1976); Shane, Locke and Collins (2003); Suvorov and Van de Ven (2008); Koch and Nafziger (2016); Koch and Nafziger (2014); Anderson, Dekker and Sedatole (2010), among many others.

22 例如，請參閱：Hollenbeck, Williams and Klein (1989).

23 見Doran (1981).

24 Swinfield (2013), chapter 9.

25 同上

第七章　為什麼你不能像其他人一樣？——建構回饋

1 見Ceraso, Gruber and Rock (1990), p. 3.

2 見Ceraso, Gruber and Rock (1990), pp. 7–8.

3 關於這項里程碑實驗的更多細節，請參考：Asch (1951)

4 Asch (1951).

5 同上

6 有關目標設定和動機的更多資訊，請參考：Corgnet, Gomez-Minambres and Hernan-Gonzalez (2015) and Gomez-Minambres (2012)

7 更多資訊，請參考：Fogg (2019) .

8 關於這個主題的更多資訊，請參考：Clear (2018) and Milkman (2021) for more on this topic.

9 見Neal, Wood and Drolet (2013).

10 有關動機強度理論的更多詳細資訊，請參考：Brehm and Self (1989) and Wright and Brehm (1989)

11 有關好消息／壞消息效應的更多資訊，請參考：Eil and Rao (2011).

12 見Venables and Fairclough (2009).

13 關於自我耗損和動機耗損之間的爭論，請參考：Kool and Botvinick (2013)。自我耗損顯示缺乏心理資源。動機耗損表明，隨著時間的推移，表現的下降與缺乏資源無關（這意味著人們即使願意也無法繼續發揮腦力勞動），而是與缺乏動機本身有關。對於後者的例子，請參考：Hagger et al. (2010) and Job, Dweck and Walton (2010)

14 關於支持資源耗損的證據，請參考：Baumeister et al. (2018)

15 見Kool and Botvinick (2013) and Kool et al. (2013).

16 關於向上回饋實驗的更多詳細資訊，請參考：Atwater et al. (2000)

17 見Kluger and DeNisi (1996).
18 從心理學角度解釋為什麼最需要回饋的人最不可能尋求回饋，請參閱：Ashford and Cummings (1983)
19 見Sitzmann and Johnson (2012a).
20 Eil and Rao (2011).
21 有關感知、回饋和任務放棄的證據，請參閱：Stone and Stone (1985) and Meyer (1992)
22 見Sitzmann and Johnson (2012b).

第八章　我能從中得到什麼？——建構獎勵

1 Woolley and Langel (2019), chapter 6, p. 84.
2 有關明尼蘇達州文化的更多資訊，請參閱：Atkins (2009). 3 Woolley and Langel (2019), chapter 5, p. 73.
4 Woolley and Langel (2019), chapter 6, p. 86.
5 有關 Woolley 死亡背景脈絡的更多詳細資訊，請參閱：Spain and Vega (2005).
6 見 Griffiths, Kuss and King (2012).
7 線上遊戲玩家互助會（ＯＬＧＡ）。更多資訊請見：http://www.olganon.org/home 8 More on the gaming industry can be found here: https://newzoo.com/global-games-market-reports
9 關於遊戲化技術及其對努力之影響的評論，請參閱：Hamari, Koivisto and Sarsa (2014).
10 有關零工經濟中遊戲化的更多資訊，請參考：https://www.bloomberg.com/news/features/2022-05-27/how-uber-and-lyft-gamify-the-gig-economy
11 有關這方面的更多資訊，請參閱：Banuri, Dankova and Keefer (2017).
12 見Spain and Vega (2005).
13 Woolley and Langel (2019), chapter 5, p. 72.
14 見Milkman, Minson and Volpp (2014) or Milkman (2021).

15 見Milkman, Minson and Volpp (2014).
16 見Duckworth, Milkman and Laibson (2018).
17 見Ashraf, Karlan and Yin (2006).
18 見Duckworth et al. (2016).
19 見Epton, Currie and Armitage (2017).
20 見Duckworth, Milkman and Laibson (2018).
21 Woolley and Langel (2019), chapter 4, p. 66.
22 見Banuri, Dankova and Keefer (2017).
23 Woolley and Langel (2019), chapter 2, p. 35.
24 Woolley and Langel (2019), chapter 3, pp. 52–53.

第九章　小決策的暴政——基於影響的錯誤分類

1 有關帕金森定律的文章：https://www.economist.com/news/1955/11/19/parkinsons-law
2 關於帕金森定律的更多資訊，請參閱：Parkinson (1957).
3 關於賽爾定律的更多資訊，請參閱：Homer and Levine (1985)
4 見Issawi (1973).
5 見Kahn (1966).
6 有關使用捷思法解決複雜問題的詳細討論，請參閱：Marewski, Gaissmaier and Gigerenzer (2010)

第十章　我想要加入健身房！——基於頻率的錯誤分類

1 有關Vic Tanny和健身產業的更多資訊，請參閱：Black (2013).
2 關於新起點效應的更多資訊，請參閱：Dai, Milkman and Riis (2014).

3 有關西澳健身法規的更多詳細資訊，請參考：https://www.commerce.wa.gov.au/sites/default/files/atoms/files/fitnessindustrycodeofpractice.pdf

4 健身產業的數據資料可在此處找到：https://www.ihrsa.org/publica-tions/the-2020-ihrsa-global-report/

5 更多詳情請見：DellaVigna and Malmendier (2006)

6 有關過度自信及其對行為影響的更多詳細資訊，請參閱：Moore and Healy (2008)

7 有關意圖／行動或意圖／行為差距的更多詳細資訊，請參閱：Sheeran and Webb (2016).

8 有關過度自信和去健身房的更多資訊，請參閱Carrera等人的文章(2018).

第十一章　讓我們開始吧！——建立並實施你的計劃

1 有關系統一與系統二思維主題的精彩入門書籍，請參閱：Kahneman (2011).

2 有關認知吝嗇者這個主題的更多資訊，請參考：Fiske and Taylor (1991) or Stanovich (2009).

3 過度自信的簡單測驗改編自Ortoleva and Snowberg (1995).

4 有關性別、競爭和過度自信的更多資訊，請參閱：Niederle and Vesterlund (2011).

5 有關耐心的簡單衡量標準的更多詳細資訊，請參閱Vischer 等人的文章(2013).

6 有關S.M.A.R.T.目標標準的更多資訊，請參閱：Doran (1981)或參閱：https://www.projectsmart.co.uk/smart-goals/brief-history-of-smart-goals.php.

7 有關腦力勞動和決策疲勞的更多資訊，請參閱：Schwartz (2004)或Shenhav 等人的文章(2017).

8 有關名人穿同樣服裝的更多詳細資訊，請參考：https://www.forbes.com/pictures/efkk45klli/steve-jobs/?sh=5c8d715e7998

9 有關內在動機量表的詳細資訊，請參閱：Amabile等人(1994).

10 有關誘惑綁定實驗的更多詳細資訊，請參見Milkman, Minson and Volpp (2014).

致謝

深深感謝我的妻子Khadija，她總是督促著我要做得更好，並總是讓我保有誠實和理智。我的母親Arfa對我影響極深，也是我的靈感來源。我的父親Ather教會我魅力和放鬆的重要性，我希望這些在本書中能夠體現出來。我的妹妹Wajiha和弟弟Haider是我努力成為榜樣的原因，我希望我已經取得一些成就了。

由衷感謝我出色的編輯Jack Ramm，沒有他，這一切都不可能成真。我還要感謝Huw Armstron、Harriet Poland和Izzy Everington，他們在整個過程中都是那麼出色，我欠他們許多人情，也深感歉意。

最後，我必須感謝我的祖父母P. B. Gilani和Munawer，早在科學出現之前，他們就教了我所有這些經驗了。

亞當斯密 35

決策思維

從戒菸、減肥，到升職加薪，擺脫我們說到卻做不到的人生困境

The Decisive Mind: How to Make the Right Choice Every Time

作者　謝赫拉爾・巴努里（Dr. Sheheryar Banuri）
譯者　李伊婷

堡壘文化有限公司
總編輯　簡欣彥
副總編輯　簡伯儒
責任編輯　簡伯儒
行銷企劃　曾羽彤、游佳霓、黃怡婷
封面設計　萬勝安
內頁構成　李秀菊

出版　堡壘文化有限公司
發行　遠足文化事業股份有限公司（讀書共和國出版集團）
地址　231新北市新店區民權路108-3號8樓
電話　02-22181417　傳真　02-22188057
Email　service@bookrep.com.tw
郵撥帳號　19504465 遠足文化事業股份有限公司
客服專線　0800-221-029
網址　http://www.bookrep.com.tw
法律顧問　華洋法律事務所　蘇文生律師
印製　韋懋實業有限公司
初版1刷　2024年6月
定價　新臺幣480元
ISBN　978-626-7375-89-1

國家圖書館出版品預行編目（CIP）資料

決策思維：從戒菸、減肥，到升職加薪，擺脫我們說到卻做不到的人生困境／謝赫拉爾・巴努里（Sheheryar Banuri）著；李伊婷譯. -- 初版. -- 新北市：堡壘文化有限公司出版：遠足文化事業股份有限公司發行, 2024.06
　面；　公分. --（亞當斯密；35）
譯自：The decisive mind : how to make the right choice every time
ISBN 978-626-7375-89-1（平裝）

1.CST: 決策管理　2.CST: 目標管理

494.1　　113006624